此书呈献给

国防科技大学
及深圳大学！

国防科技图书出版基金

复合推进剂燃速模拟计算

Simulation Calculation of Burning Rate of Composite Propellant

田德余　著

国防工业出版社

·北京·

图书在版编目(CIP)数据

复合推进剂燃速模拟计算/田德余著 . —北京:
国防工业出版社,2019.7
ISBN 978-7-118-11903-9

Ⅰ.①复…　Ⅱ.①田…　Ⅲ.①复合推进剂–推进剂燃
速–数值模拟–计算方法　Ⅳ.①V51

中国版本图书馆 CIP 数据核字(2019)第 129238 号

※

国防工业出版社出版发行

(北京市海淀区紫竹院南路 23 号　邮政编码 100048)
三河市腾飞印务有限公司印刷
新华书店经售

*

开本 710×1000　1/16　彩插 4　印张 11¾　字数 190 千字
2019 年 7 月第 1 版第 1 次印刷　印数 1—1500 册　定价 80.00 元

(本书如有印装错误,我社负责调换)

国防书店:(010)88540777　　发行邮购:(010)88540776
发行传真:(010)88540755　　发行业务:(010)88540717

致 读 者

本书由中央军委装备发展部**国防科技图书出版基金**资助出版。

为了促进国防科技和武器装备发展,加强社会主义物质文明和精神文明建设,培养优秀科技人才,确保国防科技优秀图书的出版,原国防科工委于1988年初决定每年拨出专款,设立国防科技图书出版基金,成立评审委员会,扶持、审定出版国防科技优秀图书。这是一项具有深远意义的创举。

国防科技图书出版基金资助的对象是:

1. 在国防科学技术领域中,学术水平高,内容有创见,在学科上居领先地位的基础科学理论图书;在工程技术理论方面有突破的应用科学专著。

2. 学术思想新颖,内容具体、实用,对国防科技和武器装备发展具有较大推动作用的专著;密切结合国防现代化和武器装备现代化需要的高新技术内容的专著。

3. 有重要发展前景和有重大开拓使用价值,密切结合国防现代化和武器装备现代化需要的新工艺、新材料内容的专著。

4. 填补目前我国科技领域空白并具有军事应用前景的薄弱学科和边缘学科的科技图书。

国防科技图书出版基金评审委员会在中央军委装备发展部的领导下开展工作,负责掌握出版基金的使用方向,评审受理的图书选题,决定资助的图书选题和资助金额,以及决定中断或取消资助等。经评审给予资助的图书,由中央军委装备发展部国防工业出版社出版发行。

国防科技和武器装备发展已经取得了举世瞩目的成就。国防科技图书承担着记载和弘扬这些成就,积累和传播科技知识的使命。开展好评审工作,使有限的基金发挥出巨大的效能,需要不断摸索、认真总结和及时改进,更需要国防科技和武器装备建设战线广大科技工作者、专家、教授、以及社会各界朋友的热情支持。

让我们携起手来,为祖国昌盛、科技腾飞、出版繁荣而共同奋斗!

国防科技图书出版基金

评审委员会

国防科技图书出版基金
第七届评审委员会组成人员

序

  该书是复合推进剂燃速模拟计算的专著,田教授与同仁及研究生,于 20 世纪 80 年代初,尝试研究燃速模拟计算的难题,经多年共同努力,克服重重困难,寻求新的思路和方法,从燃烧的基本化学原理出发,认为燃烧过程就是氧化还原过程,也就是(价)电子转移的过程,首次提出了价电子燃烧模型。在学术会议上,受到了国内外专家的认可和好评,得到了广泛的应用,实现了固体推进剂燃速定量计算。

  该书详细叙述了价电子燃烧模型建模原理、数学公式的推导、各种参数的计算方法,以及计算与实验结果的对比,用分形理论改进并完善价电子燃烧模型等,内容丰富深入,是作者多年教学科研成果精华的一部分。

  该书对各类院校相关专业的广大师生及广大科技工作者具有实用价值,对提高我国航天、航空、兵器及燃烧领域的科学技术水平具有重要意义。

庄逢辰[1]

2019 年 1 月 25 日

---

[1] 庄逢辰,中国科学院院士。

前　言

推进剂是宇宙飞船、火箭、导弹的动力源,它的质量和性能直接影响了航天和兵器事业的发展。而固体推进剂能否稳定燃烧是至关重要的质量保证。因此,多年以来,各国均很重视推进剂的燃烧实验和燃速模拟计算研究,以确保固体推进剂在火箭发动机中不出现振荡燃烧和爆燃现象,在一定的压力下能稳定燃烧,并具有要求的燃速、压力指数等参数。作者多年来主要从事固体推进剂制备、性能及能量特性计算研究,在 20 世纪 60—80 年代曾多次聆听钱老(钱学森)的教导和报告,这使我思想开阔,对能否计算固体推进剂燃速产生了浓厚兴趣,并于 20 世纪 80 年代初开始查阅文献,发现国外于 20 世纪 70 年代中期,已进行了计算研究,收集了资料,从消化 FORTRAN 语言程序开始大胆地进行固体推进剂燃速预估,并与兄弟单位合作对复合固体推进剂燃速实验值与我们的计算值进行了对比,经不断改进和完善,使预估燃速与实验燃速达到较高的精度。在国内首次较好地完成了固体推进剂燃速预估任务后,1983 年作者又给研究生设立了“复合固体推进剂的燃烧模拟计算研究”课题,在查阅相关文献的基础上,决心走自己的路。我们绞尽脑汁,苦苦寻求新的思路和方法,经过共同努力,最终从燃烧的基本化学原理出发,提出了价电子燃烧模型。我们认为燃烧是氧化剂与燃烧剂之间激烈的氧化还原反应,并逐步建立了物理化学模型,推导了数学公式,摸索了各个性能参数的计算方法,同时用高级语言实现了编程计算,各项参数达到了较高的精度,其精度高于预测误差法(PEM)模型值,整理的论文在“第三十七届国际宇联”会议上宣读,并在《计算机与应用化学》《航空动力学报》《兵工学报》《推进技术》《宇航学报》《国防科技大学学报》等学术刊物上发表,受到国内外专家的一致好评。1988 年后不断和有关单位合作,结合实际进行应用推广,并不断改进和完善,参与并完成了多项科研任务。本书引进了分形理论,将价电子燃烧模型改进为价电子–分形燃烧模型,其论文在 2005 年 ICT 年会①上公

---

① ICT 年会是由德国弗朗荷费尔火炸药研究所组织,每年召开一次的国际火炸药会议。

开,并收录在论文集中。

多年以来,本人为创建与完善价电子燃烧模型付出了大量的心血与汗水,经历了诸多磨难,熬过了许多个不眠之夜。为了祖国的航天与兵器事业的发展,为了使后人的研究之路少些曲折,本人虽年迈多病,也决心克服重重困难,写好此书。

在此特别感谢庄逢辰院士多年来的关心、支持,以及赵风起、徐思羽、王明良、徐文英专家教授们的认真校核,对本书提出了许多宝贵的意见和建议,作者按照意见做了认真的修改、完善。

在研究和写作的过程中得到了国防科技大学及深圳大学的刘剑洪、张炜、邓鹏图、洪伟良、贵大勇、任祥忠、宋洪昌、马建伟、周淑静、文立中等同志的关心和支持,在此表示感谢!

田德余

2019 年 3 月 30 日

目　　录

Contents

第1章 概　　述

1.1　燃烧机理研究及历史回顾

燃烧是千百年来古老而又具有活力的课题,从自然界的森林大火,到日常生活中的各种火灾,时刻影响着人们的生活,火灾之害更胜于洪水猛兽,无数的交通事故、空难都伴随着燃烧的熊熊大火,使成千上万的人失去生命。但也是由于燃烧与火焰使人类摆脱了生食,使社会进步、人类文明空前发展,由火药的发明、发展也可展示科学技术的进步,火药由黑火药到烟火剂、发射药(又分为单基药、双基药和复合药等)再到推进剂(又分为液体推进剂、固体推进剂、凝胶(膏体)推进剂等),逐步迈向航空、航天高科技的前沿。推进剂是宇宙飞船、火箭、导弹的动力源,它使卫星上天,它的质量和性能直接影响着航天和宇航事业的发展。推进剂的稳定燃烧是至关重要的质量保证,为此多年来各国很重视燃烧实验、燃烧模型建立和燃速模拟计算研究,确保固体推进剂在一定条件下稳定燃烧,并具有要求的燃速、压力指数等。燃烧速度是固体推进剂燃烧性能的一个重要参数,通常有线性燃速和质量燃速两种表示方法。线性燃速是指单位时间内燃烧面沿其法线方向的位移,即

$$u = \mathrm{d}e/\mathrm{d}t \qquad\qquad (1-1)$$

式中:u 为推进剂线性燃速;$\mathrm{d}e$ 为燃烧面沿法线方向在 $\mathrm{d}t$ 时间内的位移(也称肉厚)。

质量燃速是指单位时间内单位燃烧面上沿其法线方向燃烧掉的推进剂质量。质量燃速与线性燃速之间关系为

$$u_{\mathrm{m}} = \rho \cdot u \qquad\qquad (1-2)$$

式中:ρ 为推进剂密度。

燃速测试方法有十几种,常用的有靶线法、声发射法。目前国内最先进的方法是电荷耦合摄像器(Charge Coupled Imaging Device,CCID)线扫描实时燃速测试法[1],测速仪主要由高速透明窗燃速仪(40MPa)、CCID 摄像机、视频转换装置及计算机数据处理和输出设备等组成,如图 1-1 所示。

其测速原理:当药条燃烧时,火焰光透过透明窗,经光学透镜成像在 CCID

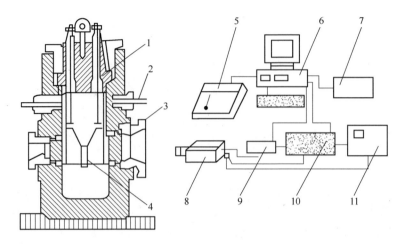

图 1-1　CCID 线扫描实时燃速测试仪示意图

1—燃烧室;2—N$_2$气管道;3—透明窗;4—药柱;5—绘图仪;6—计算机;

7—打印机;8—摄像机;9—像素定位器;10—单元控制器;11—示波器。

的光敏阵列上,一般由 1024 像素组成,每一像素都产生电信号,CCID 按给定的视频数据率顺序地输出各像素上的电位,形成模拟视频信号,由计算机进行数据采集和实时处理,可打印或绘图得到发光界面的位置与时间的对应关系。该方法采用试件为短药柱($\phi=7\text{mm}$),它通常压装在有机玻璃管中,用电热丝点火。该方法特点是:信息量大,每毫米长的药柱可获得 300 多个燃速数据;测定燃速范围宽,可测高达 1000mm/s 的燃速;可测瞬时燃速及平均燃速;等等。

　　除了前述的几种燃速测试方法以外,还可以根据发动机试车所获得实验数据绘制的压力-时间曲线求得燃烧时间和平均压力,即可由药柱厚度求得平均压力下的燃速,这种方法称为“发动机法”,通常用来测定推进剂动态压力和压力指数。

　　固体推进剂制备及燃速测试需要大量的经费和时间,要获得推进剂稳定燃烧的规律单靠经验或实验研究是不够的。为弥补实验研究的不足,并对实验研究提供方向性指导,人们逐渐研究了多种燃烧机理及燃速理论模拟方法[1-13]。这些方法的共同特点:在分析实验结果的微观过程基础上做出某些假设,构造物理化学模型,将物理化学模型转化成数学模型,将计算结果和实验结果比较,以此验证模型的合理性,并利用模型推断燃烧机理,发展燃烧理论,为配方设计和燃烧实验研究提供理论指导。目前,推进剂的研究主要集中在对推进剂的燃烧性能(燃速)和力学性能的描述,与之对应的推进剂的燃烧模型和力学模型也就应运而生。我们的任务是力求建立固体推进剂的燃烧模型,即将物理化学模型用数学公式表达出来，探索计算方法及用程序设计、编制，通过计算建立起配方与性能的关系，设计制造出所需要的产品。

20 世纪 70 年代末 80 年代初作者有一个大胆的设想，既然推进剂能量特性可以精确计算，那么推进剂燃速能不能计算。从查阅的文献资料看出：国内做了一些燃烧机理及表面温度等测试项目的研究，国外也刚刚开始建模、编程计算研究，都处于探索阶段，许多专家提出了有价值的设想，并建立了一些燃烧模型；多年来人们对固体推进剂提出了一些燃烧模型[1-16]；关于高氯酸铵（AP）复合固体推进剂的稳态燃烧模型，发展较为成熟的有 Summerfield 等[1-2]提出的粒状扩散火焰（GDF）模型，Hermance 等[1,3-4]提出的非均相反应（HR）模型、BDP 多火焰模型[5-8]，Sammons[9-10]提出的临界粒径模型，Renie 等[11]提出的小粒子集合（PEM）模型，Kumar[12-13]提出的 CIT/JPL 模型，等；国内有价电子燃烧模型[17-26]、两区模型[27-28]等。其中，BDP 模型和在这个基础上引进统计方法而发展起来的 PEM 模型是目前比较好的模型。实际上，迄今为止，大多数的 AP 复合固体推进剂的燃烧模型在某种程度上都是基于 1970 年的 BDP 模型。BDP 模型注意了火焰结构的复杂性，这种模型基于围绕 AP 颗粒的多重火焰，通过描述火焰和推进剂表面的能量平衡关系，就可以计算出燃速。然而这个模型只适合用于单分散颗粒，并且为了计算燃速，必须用一个空间等价的火焰代替真实的火焰。而 PEM 模型可处理多种类、粒度多分散的氧化剂构成的推进剂燃烧过程。其基本处理方法是：将随机分布的不同种类、不同粒度的氧化剂，按氧化剂类型分类，然后同一类型的氧化剂按同一粒径范围归类，相对于其他粒径的粒子，推进剂中每一粒径大小的粒子都被假设为独立燃烧。这两个模型，特别是 PEM 模型在处理氧化剂级配、粒度分布对燃速、压力指数的影响方面是比较成功的。但这些模型和模拟计算带有过多的浮动参数，有的甚至用实验也难以确定，而且数学处理复杂，实际使用比较困难，计算精度和可靠性也有待改进。

20 世纪 80 年代初，作者同研究团队根据自身研究成果和国内外文献资料，经反复调试、改进，开发出了"固体推进剂燃速计算程序"，并展开了燃速预估课题研究。在学校的大力支持下，经团队不断攻关，研究出了一套有效的燃速数据的计算方法，其预估结果得到了大量实验数据的论证，圆满地完成了课题研究任务。预估的某类型复合推进剂燃速和压力指数精度达到了同期国外先进水平。

1983 年又为研究生设立了独立自主创建新型燃烧模型的任务，在消化、吸收了多种燃烧模型原理（如 BDP 和 PEM 两种燃烧模型）的基础上，用创新思维方法，继续进行固体推进剂燃速预估课题的研究，制定了研究方案。在分析、反复讨论和实验基础上，提出了价电子燃烧模型。固体推进剂价电子燃烧机理和模型建立过程，就是思维飞跃和不断创新的过程，从化学本质看，推进剂的燃烧就是推进剂中氧化剂和燃料(黏合剂)的氧化还原的过程,也就是电子转移的过程,或称价电子转移的过程,按此原理将推进剂中的黏合剂中碳、氢、铝等元素为还原性元素,而 AP 等氧化剂中的氧、氯、氟等为氧化性元素,它们之间在一定的条件下进行氧化还原反应,在合理的假设(如绝热的、一维的⋯⋯)条件下,用质量守恒、能量守恒、阿累尼乌斯化学动力学方程,结合我们的设想,建立起价电子燃烧物理、化学模型,并在此基础上建立起数学表达式,按此数学公式,用高级语言编程计算,计算结果与实际吻合得较好。用价电子燃烧模型对 Miller 的 AP/端羟基聚丁二烯(HTPB)推进剂实验配方进行模拟计算[26-28],相对误差小于10%的占77%,比 PEM 模型的计算精度提高了约15%,精度高于 Osborn 等提出的小粒子级配模型,即 PEM 模型。经我们不断改进和完善,国内首次用我们自建的燃烧理论模型对固体推进剂燃速进行计算,初步达到实用的要求。关于价电子燃烧模型,我们整理的论文先后在《计算机与应用化学》《航空动力学报》《推进技术》《宇航学报》《兵工学报》《国防科技大学学报》等学术刊物上发表,2005 年在德国 ICT 年会上发表,得到国内外学者的肯定和好评。

1.2 燃烧过程、模型建立和计算方法

创建燃烧模型和计算方法如下:

(1) 有大量的实验基础。既有自己设计的实验,也要充分利用他人的实验结果。

(2) 充分运用先进的仪器设备。例如:用扫描电子显微镜或高速摄影拍摄火焰结构,用耐高温热电偶测定推进剂的表面温度,用终止燃烧测试表面结构、化学组分含量,等。

(3) 从化学基本原理出发,发挥创新思维,提出新思想和新概念。

(4) 做出合理的、简化的假设。

(5) 用数理统计方法处理实验数据,推导相关的公式。例如能量守恒、质量守恒、化学动力学方程相结合的运用。

(6) 用高级语言结合实际编制出先进的、实用的程序。

(7) 不断改进、完善现有的燃烧模型。科学技术是不断发展的,应不失时机地引入分形理论,改进和完善价电子燃烧模型,提出价电子-分形燃烧模型。

建模过程大致分为以下五个阶段:

(1) 思考和查阅文献。制定好科研工作目标后查阅国内外的文献,并进行研究。

(2) 学习、消化资料阶段。首先学习高级语言,在较高的平台上起步,将大

型计算机上的 FORTRAN 语言程序转移到微型计算机上,这在 20 世纪 80 年代初是很艰巨的任务。然后学习、消化前人关于固体推进剂燃烧大量的实验观测结果和对固体推进剂燃烧波结构分析的资料;将固体推进剂的一维燃烧波结构分成固相预热区、凝聚相反应区、嘶嘶区、嘶嘶反应区、暗区、发光火焰区等六个区域(图 1-2)。

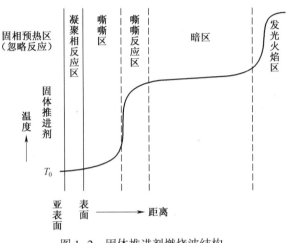

图 1-2　固体推进剂燃烧波结构

固体推进剂在发动机中的燃烧可近似地看作是一个绝热过程,高能固体推进剂的燃烧波结构可以划分为多个区域,但也可将它们简化为两个阶段:固相分解区和气相反应区。固相分解产物在气相中进一步反应,反应时放出的热量使体系温度不断升高,热量反馈至燃面,又促进了固相的分解,气流则以速度 u 不断向前流动,直至某温度 T_F 时达到平衡。

由于反应时温度不断升高,某一温度下的稳定产物完全可能成为另一温度下的反应物,可以断言,一定还有多种活泼中间体瞬间存在。可用下列简单模式来表达这一过程。

因此,在实际燃烧过程中,"反应物"与"产物"很难有严格的区分,前一温度的产物可能作为另一温度下的反应物进一步发生作用。反应从 T_S 到 T_F,中间经历了无数多个不同温度下的复杂反应微过程。因此,要确切地确定这种反应的反应级数和机理确实是困难的。同时,用动力学中原来表示速度的方法,即用某一物质浓度的改变来描述反应速度也遇到了矛盾。因此,很难用它们的浓度变化来表示整个过程的反应速度。所以,采用体系的温度随时间的变化率来表示整个过程的反应速度,见图 1-3。

(3) 结合实际,进行验算阶段。除用我们自己的实验结果验证外,还充分利

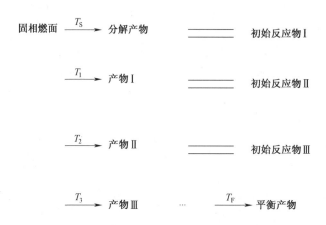

$$
\begin{array}{ll}
\text{固相燃面} \xrightarrow{\;T_S\;} \text{分解产物} & \underline{\qquad\qquad}\ \text{初始反应物 I} \\[2em]
\xrightarrow{\;T_1\;} \text{产物 I} & \underline{\qquad\qquad}\ \text{初始反应物 II} \\[2em]
\xrightarrow{\;T_2\;} \text{产物 II} & \underline{\qquad\qquad}\ \text{初始反应物 III} \\[2em]
\xrightarrow{\;T_3\;} \text{产物 III} \quad \cdots \quad \xrightarrow{\;T_F\;} \text{平衡产物}
\end{array}
$$

图 1-3   固体推进剂燃面温度随时间变化的示意图

用别人的实验数据进行验算；与工厂协作，用大量实验数据验证，并探索新配方预估计算。

（4）创建独立自主的燃烧模型阶段。从推进剂燃烧过程，即激烈的氧化还原过程，也就是从价电子转移过程的基本原理出发，我们提出了价电子燃烧模型。在简化假设条件下，根据能量守恒、质量守恒、化学动力学方程相结合，推导出相关的数学公式，再用高级语言编制程序实现了燃速模拟计算目标，完成了航天、兵器等单位的科研任务。

（5）在实践中不断改进、完善模型，运用分形理论和分形维数，修正了价电子燃烧模型，形成价电子-分形燃烧模型，与兄弟单位协作，一起完成了"973"等科研任务。

随着科学技术的迅猛发展，1967年曼德尔布洛特在总结前人经验的基础上，在《科学》杂志上发表了《英国的海岸线有多长》的文章，统计自相似性与分数维数，形成了以迭代算法描述的分形几何学说，这种学说研究的是分数维的几何对象，这种几何对象具有自相似性和无限可分的特点[29-30]，从而开创了一门新的学科——分形学。由于分形理论有极强的应用性，现已成为当今世界上许多学科的前沿研究课题之一，目前已广泛应用于地震、医学、化学、音乐、交通、通信、材料、机械、地理、图像处理、农业等诸多领域。21世纪初，将分形理论应用于固体推进剂燃速模拟计算中，改进了价电子燃烧模型（建立了价电子-分形燃烧模型），引入了分形维数，探讨了氧化剂AP、黑索今（RDX）、燃烧剂铝粉（Al）等分形维数的测定方法，使价电子-分形燃烧模型更接近真实，按此模型用高级语言编制了程序，形成了软件包，在复合固体推进剂、复合改性双基推进剂、燃气发生剂等推进剂中进行燃速模拟计算，取得了较好的成绩，达到了较高的燃速预估精度。我们曾与航天、航空、兵器等有关单位合作,完成了各类固体推进剂燃速预估的国家任务。

　　本书概述了国内外对固体推进剂燃烧、燃烧实验、燃烧机理、燃烧模型的建立及计算过程,较详细地阐述了固体推进剂价电子燃烧模型的形成过程、基本原理及数学公式的建立,用高级语言编程形成不同推进剂类型(如复合固体推进剂、硝酸酯增塑的聚醚推速剂、低燃速推进剂等)燃速计算软件包,对计算结果与实验值进行对比及详细讨论;随着科技的发展,引入了分形理论及分形维数的测定方法,探索了固体推进剂中固体成分分形维数的测定方法,初步测定了AP、黑索今、铝粉等的分形维数,用这些分形维数改进、完善了价电子燃烧模型,建立起新型的价电子-分形燃烧模型,并按此模型用高级语言编制了程序软件包,经适当的调整,在NEPE等高能推进剂、中等燃速推进剂及低燃速推进剂中应用,取得较好的效果;对推进剂燃速温度敏感系数进行了计算研究,并绘制了推进剂燃速与氧化剂、添加剂、催化剂含量、粒径、级配与燃速关系图。

参 考 文 献

[1] 王伯羲,冯增国,杨荣杰. 火药燃烧理论[M]. 北京:北京理工大学出版社,1997.

[2] Summerfield M,Sutherland G S,Webb W J,et al. The Burning Mechanism of Ammonium Perchlorate Propellants[M]. New York:ARS Progress in Astronauticsand and Rocketry,1960:141-182.

[3] Hermance C E. A Model of Composite Propellant Combustion Including Surface Heterogeneity and Heat Generation[J]. AIAA Journal, 1966,4(9):1629-1637.

[4] Hermance C E. A Detailed Model of the Combustion of Composite Solid Propellants[C]. Anaheim Calif.:Proceedings of the ICRPG/AIAA 2nd Solid Propulsion Conference,1967.

[5] Beckstead M W,Derr R L,Price D F. A Model of Composite Solid Propellant Combustion Based on Multiple Flames[J]. AIAA Journal, 1970,8(12):2200-2207.

[6] Derr R L,Boggs T L. Role of Scanning Electron Microscopy in the Study of Solid Propellant Combustion:Part III. The Surface Structure and Profile Characteristics of Burning Composite Solid Propellants[J]. Combustion Science and Technology,1970,2(2):219-238.

[7] Derr R L,Osborn J R. Composite Propellant Combustion[J]. AIAA Journal,1970,8(8):1488-1491.

[8] Cohen N S. Review of Composite Propellant Burn Rate Modeling[J]. AIAA Journal,1980,18(3):277-293.

[9] Sammons G D. Solid Propellant Combustion Modeling[C]. [S. l.]:Proceedings of 10th JANNAF Combustion Meeting,CPIA Publication,1973.

[10] Sammons G D. Scientific Report:Multiple Flame Combustion Model Fortran IV Computer Program[R]. [S. l.]:Rockwell/International Corp.,1974.

[11] Renie J P,Condon J A,Osborn J R. Oxidizer Size Distribution Effects[C]. [S. l.]:Proceedings of 14th JANNAF Combustion Meeting,CPIA Publication,1977.

[12] Kumar R N. Condensed Phase Details in the Time-independent Combustion of AP/Composite Propell-ants[J]. Combust. Sei. Technol. ,1973(8):133-148.

[13] Kumar R N. Composite Propellants Combustion Modeling Studies. 12ht (Inter.) Symp[C]. [S.l.]: Space Technol. Sci,1977:543-544.

[14] Gaunce M T, Osborn J R. Temperature Sensitivity Coefficients IAF-84-302[C]. 1984.

[15] Miller R R,Donohue M T,Peterson J P. Ammonium/Perchlorate Size Effects on Burn Rate—Possible Modification by Binder Type. [S.l.]: Proceedings of 12th JANNAF Combustion Meeting, CPIA Publication[C]. 1975(273): 371-388.

[16] Miller R R,Donohue M,Yount R A,et al. Control of Solids Distribution in HTPB Propellants[C].Cum-berland:AFRPL-TR-78-14,Hercules Inc. ,Allegheny Ballistics Laboratory,1978.

[17] 赵银. 复合固体推进剂的燃烧模拟计算研究[D]. 长沙:国防科技大学,1986.

[18] 赵银,田德余,江瑜. 固体推进剂燃烧模拟研究[C]. 国际宇联 37 届年会,1986.

[19] 赵银,田德余,江瑜. 复合固体推进剂的燃烧模型及模拟计算[J]. 计算机与应用化学,1987, 4(3):245-246.

[20] 赵银,田德余,江瑜. 高氯酸铵(AP)爆燃的模拟研究[J]. 计算机与应用化学,1987,4(1):77-78.

[21] 赵银,田德余,江瑜. 含银复合推进剂的燃烧模拟计算[J]. 航空动力学报,1987.2(2).147-152.

[22] 赵银,田德余,江瑜. 高氯酸铵(AP)爆燃的模拟[J]. 国防科技大学学报,1988,10(3):39-47.

[23] 赵银,田德余,江瑜. AP 复合固体推进剂燃烧模型[J]. 宇航学报,1988,10(4):15-22.

[24] 田德余,赵银. 丁羟推进剂燃烧模拟计算及图像表示法[J]. 兵工学报,1990(3):36-41.

[25] 赵银,田德余,江瑜. "AP/HTPB/A1/催化剂"推进剂燃烧模拟计算方法[J]. 推进技术,1990, 3(1):54-61.

[26] 周力行. 湍流气粒两相流动和燃烧的理论与数值模拟[M]. 北京:科学出版社,1994.

[27] 徐温干,等. 含负压力指数复合固体推进剂的稳态燃烧机理[J]. 宇航学报,1983(4):1-18.

[28] 徐温干,等. 呈正、负压力指数的复合固体推进剂稳态燃烧模型[J]. 推进技术,1992(4),39-48.

[29] 张济忠. 分形[M]. 北京 清华大学出版社,1995.

[30] 曼德尔布洛特 B. 分形对象—形、机遇和维数[M]. 文志英,苏虹,译. 北京:世界图书出版公司,1999.

第2章 固体推进剂的燃烧机理及模型

2.1 初 始 阶 段

固体推进剂是火箭、导弹、航天飞机、卫星的动力源,人们不但期望它能量高、射程远,还要求它不发生爆燃、侵蚀燃烧、振荡燃烧、不稳定燃烧。而在稳态燃烧的条件下,还能保证高、中、低燃速的推进剂有低的压力指数和温度系数。为此研制了多种推进剂,以丁羟推进剂为例,固定 AP 含量,用不同粒径、不同级配组成的推进剂进行系统的测试,准确得出燃速及压力指数值,找出 AP 含量、粒径、不同级配组成对推进剂燃速、压力指数等的影响规律。同时,建立起燃烧实验室,用先进的仪器设备测试火焰结构、测量推进剂的表面温度、测定推进剂及其组分的热分解规律。随着单幅及高速摄影、热电偶测量技术、差示扫描量热(DSC)技术等应运而生,这些先进的仪器设备测得(固体)推进剂的各种性能数据或图像,为科技工作者在推进剂的稳态燃烧规律和燃烧机理的研究方面打下了良好的基础。几十年来,国内外科技人员对固体推进剂稳态燃烧机理进行了大量的研究, 发表了大量的技术报告和论文。在众多的文献资料中,我们选择了一些典型燃烧模型做简要叙述,着重介绍能结合推进剂配方实际进行燃速计算的燃烧模型或预估计算方法,这些模型或预估计算方法代表了国内外研究的热点和发展方向。

2.2 建 模 阶 段

第二次世界大战以后,随着火箭和导弹的快速发展,对推进剂稳态燃烧规律有更多的要求,许多科研单位建立了燃烧实验室和理论研究小组,从推进剂实验、燃烧机理分析研究,到物理化学燃烧模型的建立、数学公式的推导,人们大胆设想、谨慎求证,提出和建立了一系列理论燃烧模型来描述其燃烧过程;用高级语言编制程序,实现模拟计算,20 世纪六七十年代以来,逐步发表了许多论文,公布了部分研究成果。

2.3　各阶段代表性燃烧模型和模拟计算方法的概述

2.3.1　粒状扩散火焰模型

1960 年,Summerfield 等[2]在总结大量实验和对 AP 复合推进剂燃烧机理研究的基础上提出了粒状扩散火焰(GDF)模型,如图 2-1 所示。

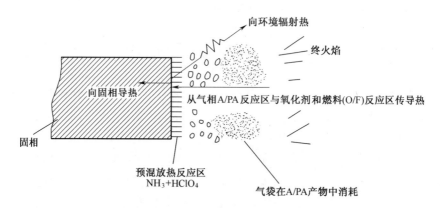

图 2-1　AP 复合推进剂燃烧的 GDF 模型

注:气相 A/PA 反应区为 $NH_3/HClO_4$ 反应区,O/F 反应区为氧化剂和燃料反应区。

该模型属气相反应模型,认为 AP 复合推进剂燃烧过程在凝聚相反应区、气相反应区以及氧化剂和燃料反应区三个区域中进行,其中化学反应主要发生在气相区和氧化剂与燃料反应区进行。图 2-2 展示了粒状扩散火焰模型及燃烧温度分布。

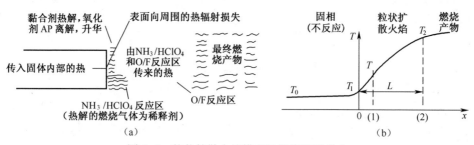

图 2-2　粒状扩散火焰模型及燃烧温度分布

GDF 模型主要假设:火焰是一维的,以稳定的火焰接近燃面;燃面是干燥和粗糙的,氧化剂和黏合剂分解产物以气团形式直接逸出;黏合剂的热解产物以具有一定质量气袋形式从表面辐射出,气袋通过火焰区时和氧化剂分解气体发生

10

化学反应放出热量,并逐渐消失;黏合剂和氧化剂热解高温产物以热传导形式为主进行传导,忽略了热辐射的影响。在基本假设下推导出推进剂质量燃速为

$$\dot{m} = \frac{\lambda_g(T_F - T_0)}{L[C_P(T_S - T_0) - Q_S]} \tag{2-1}$$

式中:T_F 为终焰温度;T_0 为初始温度;T_S 为燃面温度(或称表面温度);λ_g 为燃气的导热系数;Q_S 为表面反应热;C_P 为比定压热容;L 为火焰区厚度,由化学反应区厚度 L_1 和反应物质的扩散混合厚度 L_2 决定。

GDF 模型的燃速表达式为

$$\frac{1}{r} = \frac{a}{P} + \frac{b}{P^{\frac{1}{3}}} \tag{2-2}$$

式中:a 为反应常数;b 为扩散常数;P 为压力;r 为燃速。

该燃速表达式与实测数据符合较好。GDF 模型第一个导出了 AP 复合推进剂的理论燃速公式,它直接给出了推进剂燃速与压力的关系。但由于式(2-2)中需要确定两个经验常数,而且这一理论的燃面干燥假设、忽略热辐射,与事实不符,因此它无法真正用于燃烧性能的模拟计算。推进剂的燃速与推进剂密度、比热容、初温、燃烧温度、反应热等因素有关即与推进剂配方及燃烧条件(压力)有关,该模型只能做定性分析。

2.3.2　BDP 多火焰模型

1970 年,Beckstead 和 Priece 等[1-4]对 AP 复合推进剂表面结构进行大量实验观测提出了 BDP 多火焰模型,用氧化剂颗粒的多火焰来描述(图 2-3)。

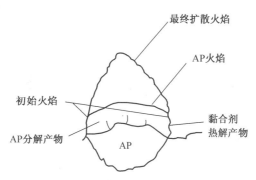

图 2-3　AP 复合推进剂火焰结构

BDP 多火焰模型认为凝聚相存在于 AP 和黏结剂的熔化和热分解反应之间,而氧化剂周围则由 AP 单元推进剂火焰(AP 火焰)、初始火焰(PF 火焰)和 AP 火焰上方的最终扩散火焰(FF 火焰)构成。根据燃面上的质量守恒,推进剂

的质量燃速可表示为

$$\dot{m} = \frac{\dot{m}_{OX}}{\alpha} \cdot \frac{S_{OX}}{S_0} = \frac{\dot{m}_f}{1 - \alpha} \cdot \frac{S_f}{S_0} \qquad (2-3)$$

BDP 模型假设氧化剂、黏合剂质量分解为零级反应,即遵循阿累尼乌斯方程。在一维假设下,由全燃面的能量守恒方程可得到燃面温度表达式:

$$T_S = T_0 - \alpha \frac{Q_c}{C_P} - (1 - \alpha) \frac{Q_F}{C_P} + \beta_F \frac{Q_{PF}}{C_P} \exp(-\xi_{PF})$$

$$+ (1 - \beta_F)\alpha \left[\frac{Q_{AP}}{C_P} \exp(-\xi_{AF}) + \frac{Q_{PF}}{C_P} \exp(-\xi_{PF}) \right] \qquad (2-4)$$

式中:α 为经验常数;β_F 为黏合剂分解产物在 PF 火焰中的反应分数;ξ 为无因次火焰距离;Q_c 为氧化剂汽化热;Q_F 为燃料黏合剂的分解热;Q_{PF} 为初焰燃烧的放热量;C_P 为定压热容。

根据各火焰能量守恒方程求出三个火焰的反应热,再根据化学反应动力学原理和简化扩散距离求出火焰的无因次距离。

由于 BDP 模型考虑了燃面的微观结构、气相区中的扩散混合和化学反应两个过程,并着重考虑了凝聚相反应对燃速的重要影响,因此 BDP 模型是一个较为完善,而且较为真实地反映 AP 复合推进剂燃烧过程的模型[6-15]。

上述燃速与推进剂密度、比热容、初温、燃烧温度、反应热等因素有关,也就是与推进剂配方及燃烧条件(压力)有关,因此,只能做定性分析,或进行粗略的计算。

21 世纪初 Beckstead 等[4-5]科学家给出了 RDX、环四亚甲基四硝胺(HMX)、丙三醇三硝酸酯(NG)、硝化纤维素(NC)、聚叠氮缩水甘油醚(GAP)、3,3-双叠氮甲氧丁烷(BAMO)、3-叠氮甲基-3-甲基氧丁环(AMMO)等单元推进剂的各种性能的参数。

2.3.3 临界粒径模型

Sammons 等[27-28]在原始 BDP 模型的基础上提出了 AP 临界粒径模型及计算方法。实际推进剂中的氧化剂是多分散的,而且往往含 Al 粉,因此临界粒径模型对 BDP 模型做出了改进:

(1) 考虑 Al 粉熔化吸收的热量 Q_{Al}。

(2) 将多分散的 AP 分成若干级,以平均粒径作为单分散 AP 颗粒来表示 AP 粒度分布,并以此计算 S_{OX}/S_0。

(3) 在给定推进剂配方和压力下,小于临界粒径的 AP 粒子(亚临界粒径粒子)在凝聚相中与黏合剂分解产物反应掉。

（4）超临界粒径的 AP 粒子在凝聚相中表面有液化层，剩下的超临界粒径 AP 粒子分解进入气相反应。

（5）气相火焰仍为 BDP 多火焰结构，但气相中仅有超临界粒径 AP 未液化部分起作用，气相反应热仍采用 BDP 模型的能量平衡关系计算。其燃面的连续性方程为

$$\dot{m} \cdot S_0 = \frac{\dot{m}_{OX} \cdot S_{OX}}{\gamma} = \frac{\dot{m}_f \cdot S_f}{1 - \gamma - \varepsilon} = \frac{\dot{m}_{Al} \cdot S_{Al}}{\varepsilon} \qquad (2-5)$$

燃面的能量平衡方程为

$$\dot{m}C_P(T_S - T_0) + \dot{m}_{OX} \cdot \frac{S_{OX}}{S_0} \cdot Q_{OX} + (1 - \delta)\dot{m}_f \cdot \frac{S_f}{S_0} Q_f + \dot{m}_{Al} \cdot \frac{S_{Al}}{S_0} \cdot Q_{Al}$$

$$= \delta \dot{m}_f \frac{S_f}{S_0} \cdot Q_S + \omega \dot{m}_{OX} \cdot \frac{S_{OX}}{S_0} Q_{LIQ} + \beta_F Q_{PF} \dot{m} \exp(-\xi_{PF})$$

$$+ (1 - \beta_F)\dot{m}_{OX} \cdot \frac{S_{OX}}{S_0} [Q_{AP} \exp(-\xi_{AP}) + Q_{FF} \exp(-\xi_{FF})]$$

$$(2-6)$$

Sammons 认为，热波传入推进剂表面层，内能引起凝聚相快速反应的深度，即 AP 临界粒径 D_C。根据凝聚相热平衡方程可导出

$$D_C = \frac{T_S - T_C}{T_S - T_0} \cdot \frac{\lambda_P}{\dot{m}C_P} \qquad (2-7)$$

式中：T_C 为凝聚相快速反应临界温度。

由于临界粒径模型考虑多分散氧化剂系统和 Al 粉的影响，因此具有实际意义。在准一维气相反应流假设、嘶嘶区特征反应假设和燃烧产物质量流守恒的基础上，结合以往大量实验数据，由化学反应动力学的碰撞原理，推导出初温 20℃ 时非催化双基系推进剂燃速计算式，以实现非催化双基系推进剂燃速模拟计算。

2.3.4　小粒子集合模型

由 Renie 等[3,29]提出的小粒子集合模型。该模型可处理多种且为多分散的氧化剂构成的复合推进剂。其处理方法：将随机分布的不同种类、粒度的氧化剂首先按氧化剂类型分类，然后同一类型的氧化剂按同一粒径范围归类，这样实际推进剂就变成由多个粒径在 $D_0 \sim D_0 + \mathrm{d}D_0$ 范围内、K 型氧化剂组成的单分散假想推进剂区域，其物理模型见图2-4。

假设实际推进剂共有 S 种氧化剂，且每种氧化剂粒度连续分布，则推进剂平均质量燃速可表示成

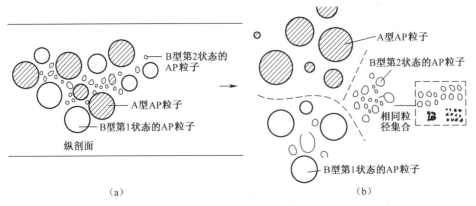

图 2-4　小粒子集合模型

$$\dot{m} = \rho_P \sum_{K=1}^{S} \frac{1}{\rho_{OX}} \int_{D_0} \frac{\overline{\dot{m}_{P \cdot d \cdot K}} \cdot F_K}{\xi_{A \cdot K}^*} dD_0 \qquad (2\text{-}8)$$

式中：K 为 K 型氧化剂密度；ρ_{OX} 为单分散假想推进剂的氧化剂的密度。对单分散假想推进剂，假定其火焰为 BDP 模型所示的多火焰结构，则其平均质量燃速为

$$\overline{\dot{m}_{P \cdot d \cdot K}} = \frac{1}{\tau} \int_0^\tau \overline{\dot{m}_{P \cdot d \cdot K}}(t)\, dt \qquad (2\text{-}9)$$

式中：$\overline{\dot{m}_{P \cdot d \cdot K}}(t)$ 为氧化剂生存期内 t 时刻的推进剂瞬间燃速。

PEM 模型在计算 $\overline{\dot{m}_{P \cdot d \cdot K}}(t)$ 时，S_{OX}/S_0 求解方法与 BDP 模型不同，与临界粒径模型相比，PEM 模型对处理多种类、多分散氧化剂构成的推进剂燃烧过程更切合实际，计算精度较高，但计算烦琐，计算时间长。

2.3.5　价电子燃烧模型

由赵银、田德余、江瑜[13]提出的价电子燃烧模型，是基于推进剂的燃烧过程，即氧化剂和还原剂（黏合剂、Al 粉等）的氧化还原过程，从化学原理电子结构理论看，氧化还原过程就是价电子转移的过程，由此推导出价电燃烧模型。

燃面上的 AP 形成一个 AP 预混火焰，燃气呈圆台形向四周扩展（包括扩散），同 HTPB 分解气体混合后，形成一个最终的预混火焰，在 AP、HTPB 交界处的小空间里，由 AP 固相分解气体和 HTPB 的分解产物形成一个"初焰"（不一定是发光的火焰，相对暗区来说，它是初始放热反应）。该模型的要点如下：

（1）用价电子反应模式来描述体系中一切反应：

$$\phi = \frac{总的还原性原子（基团）的价电子摩尔数}{总的氧化性原子（基团）的价电子摩尔数} \qquad (2\text{-}10)$$

并用 $n=1+\phi$ 表示反应级。

（2）用体系温度随时间的变化表征反应速度。AP/HTPB 推进剂燃烧模型如图 2-5 所示。

（3）由于 HTPB 的分解温度比 AP 的高，AP 在亚燃面就开始分解，燃面上的 AP 形成 AP 预混焰，燃气向周围扇形扩散，和 HTPB 分解出的气体混合物形成终焰。

（4）以连续相 HTPB 的线性分解速度表示整个推进剂的线性燃速方程。

（5）燃面能量平衡方程中，放热项部分除考虑凝聚相反应热和气相反应以热传导方式传至燃面的热量外，还考虑了气相反应的热辐射方式传至燃面的热量。用以上模型对 Miller 的 AP/HTPB 推进剂实验配方进行模拟计算，相对误差小于 10% 的占 77%，比 PEM 模型的计算精度提高了约 15%。

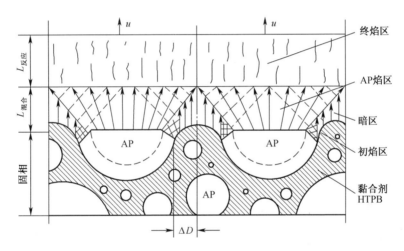

图 2-5 AP/HTPB 推进剂燃烧模型(彩色版本见彩插)

2.3.6 Hermance 的非均相反应(HR)模型

Hermance[6-7]对 GDF 模型加以改进，并提出了非均相反应模型，这是第一个反映推进剂凝聚相反应的影响和推进剂表面不均匀性的理论模型，也是第一个引入统计概念进行分析的模型。如图 2-6 所示，HR 模型所考虑的物理、化学过程为凝聚相反应过程和气相反应过程。

HR 模型认为燃面由氧化剂、黏合剂和缝隙三部分构成。则推进剂质量燃速可表示为

$$\dot{m} = \dot{m}_f \cdot \frac{S_f}{S_0} + \dot{m}_{OX} \cdot \frac{S_{OX}}{S_0} + \dot{m} \cdot \frac{S}{S_0} \tag{2-11}$$

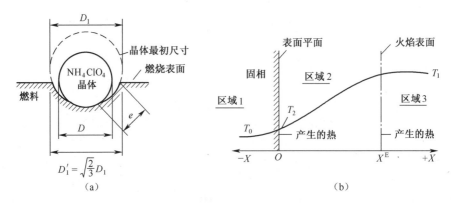

图 2-6　Hermance 多相反应模型

显然,S_{OX}/S_0 则与氧化剂平均横截面积直径 D'、缝隙深度和氧化剂数密度有关,根据统计分析有

$$D' = \sqrt{\frac{2}{3}} D_0 \tag{2-12}$$

HR 模型假定气相火焰位置为涉及扩散混合和化学反应长度的加和,根据不同区域的能量守恒及相应边界条件,可导出燃烧速率方程、燃面温度方程和火焰温度方程。对三个方程联立求解,利用数值迭代方法即可求出燃面温度、火焰温度和燃速。

2.3.7　凝聚相反应模型

凝聚相反应模型即 Kumar 等提出的 CIT/JPL 模型[15-16,34]。Kumar 于 1973年提出了一个 AP 复合推进剂的凝聚相反应模型,他认为凝聚相反应速度在整个推进剂燃烧过程中起决定性作用,AP 粒径表面厚度为液化层,其速度由 AP 的热分解控制。AP 复合推进剂燃烧物理过程如图 2-7 所示。其 CIT/JPL 模型如图 2-8 所示。

Kumar 等认为,AP 晶粒和黏合剂并非全面分解进入气相,而是 AP 晶粒中分子间键破坏成为一些小的 AP 分子团后进入气相,而黏合剂则是由大分子受热分解成一定分子量的碎片后进入气相。

$$m = \alpha P^{-\beta} \exp(\delta T_S) \tag{2-13}$$

式中:m 为气化碎片尺寸(FSV),显然气化碎片尺寸直接与气化阶段中未破裂键的数目有关。因此气化碎片尺寸是离开燃面成分的平均碎片尺寸,即为气相质量燃数。

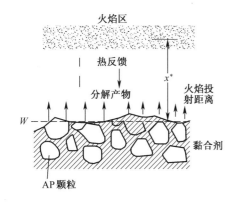

图 2-7　AP 复合推进剂燃烧物理过程示意图

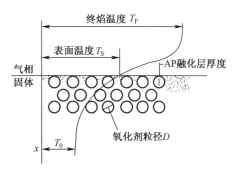

图 2-8　CIT/JPL 模型

最终导出用气化碎片尺寸来求解推进剂燃速的表达式为

$$r=\left[\frac{6\psi\xi}{D}\cdot\frac{(\lambda/(\rho_P C_P))BP\exp(-E/(RT_S))}{(E/(RT_S))\dfrac{T_S-T_0}{T_S}\left[\left(\dfrac{Q_S}{C_P(T_S-T_0)}+1\right)\ln\left(\dfrac{\mathrm{FSV}}{\mathrm{FSV}-1}\right)-\dfrac{Q_S}{C_P(T_S-T_0)\mathrm{FSV}}\right]}\right]^{\frac{1}{2}}$$

$$(2-14)$$

CIT/JPL 模型主要考虑凝聚相反应及氧化剂、黏合剂的平均气化碎片尺寸对燃速的影响。该模型计算结果与实测燃速值符合程度较好,证实了该模型的合理性。

2.3.8　Kubota 双基稳燃模型

Kubota 于 1973 年提出了双基推进剂燃烧的物理模型,获得了燃速表达式和燃面温度计算式。所得结论与大部分实验结果符合,久保田等对双基推进剂燃烧波结构各区厚度进行了分析,结果如表 2-1 所列。

表 2-1　双基推进剂各燃烧区厚度

燃烧区	预热区	表面反应区	嘶嘶区	暗区		发光火焰区
厚度/μm	140	20	200	1000	1000	无火焰区
p/MPa	1	1	1	1	5	<0.7

由表 2-1 可知,低压力暗区厚度很大,5MPa 压力下暗区厚度达到 1000μm,远远超过其他各区,因而温度梯度很小。发光火焰区远离燃面,小于 0.7MPa 压力时,甚至观察不到火焰区,因此从火焰区向燃烧一表面传递的热量可忽略不计。认为双基推进剂的燃速由亚表面和表面反应区及嘶嘶区所控制,从而可将

双基推进剂的燃烧区简化成凝聚相反应区和气相嘶嘶区两个区。以燃面为基准,设为坐标原点。T_0、T_S 和 T_d 分别代表双基推进剂的初温、燃面温度和暗区温度,如图2-9所示,详见参考文献[1]。

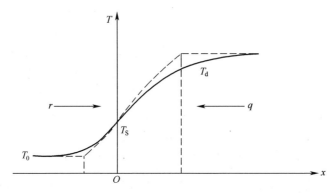

图 2-9　双基推进剂燃烧物理模型

1977年 Kubota 等[1,33]通过实验,观察到 HMX/CMDB 推进剂的稳燃过程与 AP/CMDB 不同之处如下:

(1)在双基推进剂(DB)机体内加入 HMX 后火焰的结构未发生变化。未观察到扩散火焰流束,暗区厚度仍保持不变。

(2)由于 HMX 高达 3275K 的绝热温度,相比暗区温度约为 1500K,加入的 HMX 在燃面升华或分解,再在 DB 基体的发光火焰区内燃烧,使得该区的火焰亮度显著增加。

(3)加入 HMX 后对 DB 推进剂的燃速影响不大,一般随 HMX 含量的增加先降低,当超过 50% 时,燃速重新又增加。

(4)根据以上实验观察结果,认为 HMX/CMDB 推进剂与双基基体完全相同,完全可以应用双基推进剂的燃速公式来计算燃烧特性,只要将燃面的净放热量修改为

$$Q_{s,H} = \alpha_H Q_{s,HMX} + (1 - \alpha_H) Q_{s,DB} \tag{2-15}$$

式中:$Q_{s,H}$ 为含 HMX 的 CMDB 推进剂的表面放热量;α_H 为 HMX 在 CMDB 中的质量分数;$Q_{s,HMX}$ 为 HMX 的放热量。HMX-CMDB 推进剂的计算结果与实验数据符合得很好。

2.3.9　两区燃烧模型

徐温干等于 1983 年[31]提出了一个综合考虑黏合剂的 AP 颗粒表面的覆盖及覆盖层下的液相反应及反向气化的理论模型(两区模型),该模型可分析初

温、AP 粒度分布对燃烧性能的影响,还可解释平台、麦撒和常温现象。其火焰结构示意图见图 2-10。其中 AP 颗粒与黏合剂相接,被黏合剂熔化液覆盖的部分为 I 区,未被覆盖的为 II 区,它们在各自的燃烧条件下进行不同规律的燃烧,对推进剂的燃速取决于氧化剂被黏合剂熔化液覆盖的面积分数。对两个区域组分质量分解速度和燃面上的能量守恒方程进行联立,求得推进剂的燃速。

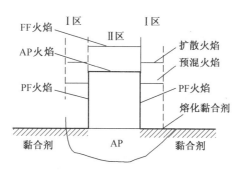

图 2-10　两区燃烧模型示意图

2.3.10　逆向思维燃速模拟计算法

宋洪昌[17-20]等用逆向思维,由计算推进剂初始燃烧产物的主要组成出发,通过对大量已知燃速数据的分析归纳,采用半经验修正的方法,总结出压力对燃烧初始产物质量分数影响的经验关系式,建立起一套计算燃速和压力指数的经验公式。通过编程,对相应推进剂配方进行计算,实现对燃速和压力指数等的预估。例如,复合推进剂燃速模拟计算含以下内容:

(1)复合推进剂燃烧表面附近的气相分解产物主要有以下五种类型的基团,它们分别代表氧化性基团、还原剂性基团、可裂解自由基,以及两类中性基团。在特定压力(p^*)下,1kg 推进剂产生这五类气体的量可计算得知,并分别记为 δ'、γ'、q'、β'、α'。这些参数也称为推进剂的化学结构参数。

(2)将推进剂燃烧表面附近气相中氧化性气体的摩尔分数记为 $\theta_0(P)$,若令 $\gamma = \gamma'/\delta'$,$q = q'/\delta'$,$\beta = \beta'/\delta'$,$\alpha = \alpha'/\delta'$,则有

$$\theta_0(P) = \frac{1}{\alpha + \beta + q\eta(P) + \gamma + 1} \tag{2-16}$$

式中:$\eta(P)$ 是描述可裂解基团自然裂解程度与压力关系的函数,且有

$$\eta(P) = 2 - \exp\left[0.6931\left(1 - \frac{P}{P^*}\right)\right] \tag{2-17}$$

(3)单元推进剂的燃速是压力的函数。当初温为 20℃时,燃速公式具有与

均质推进剂同样的形式：

$$u(P) = K^* P \theta_0^2(P)/\rho_P \qquad (2-18)$$

式中：K^* 为与火药种类有关的待定系数；ρ_P 为单元推进剂的密度，单位为 $\mathrm{g/cm^3}$。

由此，可预估发射药和推进剂的燃烧性能，改进后扩展到改性双基及复合固体推进剂中，达到了较高的预估精度。

2.3.11 神经网络燃速模拟计算法

随着计算机技术的迅速发展，20世纪90年代中期，邓鹏图等[21-22]在已有燃烧模型的基础上，利用误差反传(BP)神经网络技术，在不考虑推进剂具体燃烧过程的情况下，建立了预估硝胺推进剂燃速的数学模型，对复合固体推进剂燃烧机理及燃速预估程序研究，计算过程如下：

燃速预估公式建立后，编制计算程序进行大量计算，而后利用部分实验结果和文献数据与之进行验证，并拓宽这些参数的变化范围，显示燃速变化的基本规律，为推进剂配方设计、燃速控制的实践作参考。BP神经网络呈层状结构(每层可含多个神经元)，含输入层、输出层和隐层，可见图2-11神经网络结构图。

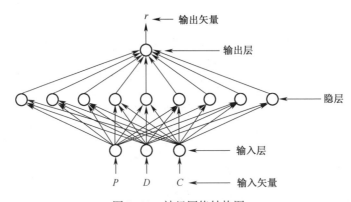

图 2-11　神经网络结构图

这个网络将输入的信号先传播到隐神经元(也称节点，下同)，经过特定函数 $G(x)$ 的作用后，把隐神经元的输出信息传播到输出神经元，最后输出结果。这个过程可通过复合简单的非线性函数实现高度非线性的映射，进而学习某一系统的特性。这个算法的工作过程主要分两个阶段：一是学习阶段，该阶段的信号经过正向和反向两种传播方式，对网络进行训练，确定各节点的权重和阈值；二是工作阶段，此时各连接的权值已固定，当给定输入量，网络即可输出预期的结果。邓鹏图等[21-22]利用训练好的函数表达式计算 Beckstead 等提出的 HMX 推进剂燃速,结果显示 77%的燃速预估值误差在±10%以内,详见表 2-2 及图 2-12、图 2-13,达到了较高的预估精度。

表 2-2　实验与预估燃速

	p/MPa	实验燃速/(mm/s)	预估燃速/(mm/s)	误差/%		p/MPa	实验燃速/(mm/s)	预估燃速/(mm/s)	误差/%
测试数据	4.1	1.78	1.74	-2.4		4.1	2.62	2.65	1.3
	6.9	2.41	2.24	-7.1		6.9	3.63	3.47	-4.5
	11.1	3.18	3.06	-3.7		11.1	4.95	4.88	-1.4
	4.1	1.07	1.08	0.8		4.1	2.46	2.59	5.5
	6.9	1.45	1.48	1.7		6.9	3.40	3.39	-0.3
	11.1	1.96	2.06	5.3		11.1	4.57	4.78	-4.5
	4.1	1.52	1.49	-1.8	测试数据	4.1	2.64	2.60	4.5
	6.9	2.11	1.91	-9.6		6.9	3.66	3.41	-1.4
	11.1	2.87	2.59	-9.8		11.1	4.95	4.81	-2.8
	4.1	2.36	2.26	-4.4		4.1	2.41	2.46	2.2
	6.9	3.25	2.95	-9.1		6.9	3.28	3.26	0.6
	11.1	4.39	4.12	-6.1		11.1	4.32	4.64	7.5
测试数据	4.1	1.88	1.99	-22.6		4.1	2.34	2.52	7.8
	6.9	2.36	2.57	-11.1		6.9	3.23	3.32	2.9
	11.1	2.95	3.54	20.0		11.1	4.50	4.71	4.7
	4.1	1.32	1.55	17.1		4.1	1.83	1.87	2.1
	6.9	1.85	2.08	12.5		6.9	2.54	2.45	-3.4
	11.1	2.51	2.98	18.6		11.1	3.56	3.38	-5.1
	4.1	1.37	1.06	-22.6		4.1	1.22	1.61	30.0
	6.9	1.85	1.68	-9.2		6.9	1.63	2.05	22.8
	11.1	2.84	2.64	-7.9		11.1	2.24	2.80	25.1
	4.1	1.78	1.74	-2.4	训练数据	4.1	0.51	0.64	26.0
	6.9	2.34	2.28	-2.8		6.9	1.04	1.09	5.0
	11.1	3.02	3.20	5.7		11.1	1.70	1.75	2.7
	4.1	2.13	1.93	-9.4					
	6.9	3.05	2.45	-19.7					
	11.1	4.22	3.40	-19.5					

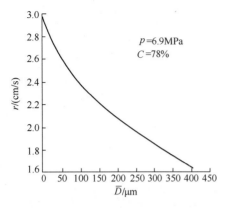

图 2-12　HMX 粒径对燃速的影响

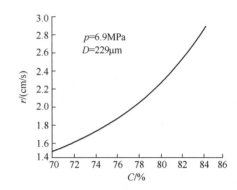

图 2-13　HMX 含量对燃速的影响

　　这种基于误差反传神经网络法所建的预估模型与用传统方法所建的模型相比,有很多优点:建模时不必考虑推进剂具体的燃烧过程,所建的数学模型简单,运算量较小,运算速度快;当完成网络的学习阶段后,就可计算推进剂的燃烧性能,计算过程中能体现出各影响因素的交互作用对燃烧性能的影响;基于一定的实验数据,该方法还可推广到其他类推进剂的燃烧性能。但这种方法也存在缺点:单从数学角度上看,BP 模型是一个非线性优化过程,在训练过程中,网络常陷入局部最小状态,影响网络的收敛速度;再者,训练网络必须有大量的实验数据支持,而且这些数据需要很好地分布于影响因素的空间中。

参 考 文 献

[1]　王伯義,冯增国,杨荣杰. 火药燃烧理论[M]. 北京:北京理工大学出版社,1997.

[2]　Summerfield M, et al. The Burning Mechanism of Ammonium Perchlorste Propellants. ARS Progress in Astronautics and Rocketry Vol. I Solid Propellant Rocket Research[C]. New York:Academic Press,1960:41-182.

[3]　张炜,朱慧,刘文元. 复合推进剂燃速特性计算研究[J]. 推进技术,1997 ,18(4) :75-79.

[4]　Beckstead M W,Derr R L , Price D F. A model of composite solid Propellant combustion based on multipleflames[J]. AIAA Journal,1970,8 (12):2200-2207.

[5]　Beckstead M W,Derr R L , Price C F. The Combustion of Solid Monopropellants and Composite Propellants[C]. Pittsburgh,Penn. :13th Symposium(International) on Combustion, The Combustion Institute,1971:1047-1056.

[6]　Hermance C E. A detailed model of the combustion including surface heterogeneity and heat generation [J]. AIAA Journal,1966,4(9):1926-1963.

[7]　Hermance C E. A detailed model of the combustion of composite solid Propellant[S]. Proc. ICRPG/AIAA

2nd Solid Propulsion Conf,1967:89-103.

[8] 侯林法.复合固体推进剂[M].北京:宇航出版社,1994.

[9] 赵银.复合固体推进剂的燃烧模拟计算研究[D].长沙:国防科技大学,1986.

[10] 赵银,田德余,江瑜. The modeling investigation of solid propellant combustion[C].[出版地不详]:第 37 届国际宇联,1986.

[11] 赵银,田德余,江瑜.含铝固体推进剂燃烧模拟计算[J];航空动力学报,1987,2(2):147-152.

[12] 赵银,田德余,江瑜.高氯酸铵(AP)爆燃模拟[J].国防大学学报,1988,10(3):39-37.

[13] 赵银,田德余,江瑜. AP/HTPB/Al/催化剂推进剂燃烧模拟计算方法[J].推进技术,1990(1):54-61.

[14] 田德余,赵银.丁羟推进剂燃烧模拟计算及图像表示法[J].兵工学报,1990(3):36-41.

[15] Kumar R N. Condensed phase details in the time-independent combustion of AP/composite propellants [J]. Combust. Sei. Technol,1973,8:133-148.

[16] Kumar R N. Composite Propellants combustion modeling studies[C].[S. l.]:12th(Inter.)Symp. Space Technol. Sei,1977:543-544.

[17] 宋洪昌.火药燃烧模型和燃速预估方法的研究[D].南京:华东工程大学,1986.

[18] 宋洪昌,杨栋,陈舒林,等,固体推进剂燃速压力指数的理论分析[J].含能材料,1997,5(2):65-69.

[19] 杨栋,宋洪昌,李上文. HEDM-CMDB 推进剂燃烧性能的理论预测[J].推进技术,1995.,16(6):59-65.

[20] 杨栋,宋洪昌,李上文.平台双基推进剂铅-铜-炭催化燃速模型[J].火炸药,1994(4):26-32.

[21] 邓鹏图,田德余,庄逢辰.硝胺固体推进剂燃烧性能计算的神经网络方法[J].固体火箭技术,1996,19(3):17-22.

[22] 邓鹏图,田德余,庄逢辰.复合固体推进剂燃烧性能模拟计算的神经网络方法[J].推进技术,1996,17(4):72-76.

[23] 杨荣杰,马庆云. AP 催化燃烧研究[J].固体火箭技术,1991(9):78-81.

[24] 刘剑洪,田德余,赵凤起,等,价电子-分形燃烧模型燃速模拟计算[J].推进技术,2005,26(3):284-288.

[25] 张小平,刘剑洪,田德余,等,价电子分形燃烧模型在高能固体推进剂中的应用[J].固体火箭技术,2007,30(5):412-415.

[26] Cohen N S. Review of Composite Propellant Burn Rate Modeling[J]. AIAA Journal,1980,18(3):277-293.

[27] Sammons G D. Solid Propellant Combustion Modeling[C].[S. l.]:Proceedings of 10th JANNAF Combustion Meeting,CPIA Publication,1973(243):149-156.

[28] Sammons G D. Scientific Report:Multiple Flame Combustion Model Fortran IV Computer Program[C].[S. l.]:Report R-4827,Rocketdyne Div.,Rockwell/International Corp.,1974.

[29] Renie J P,Condon J A,Osborn J R,Oxidizer Size Distribution Effects[C].[S. l.]:Proceedings of 14th JANNAF Combustion Meeting,CPIA Publication,1977(292):325-339.

[30] 徐温干,等.呈正、负压力指数的复合固体推进剂稳态燃烧模型[J].推进技术,1992(4):39-48.

[31] 徐温干,等.含负压力指数复合固体推进剂的稳态燃烧机理[J].宇航学报,1983(3):1-18.

[32] Miller R R,Hartman K O,Myers R B. Prediction of Ammonium Perchlorate Particle Size Effect on Com-

posite Propellant Burning Rate[C].[S.l.]:Proceedings of 26th JANNAF Solid Propulsionbfeeting,CPIA Publication,1970(196):567-591.

[33] Kubota N,Masamoto T. Flame Structures and Burning Rate Charateristics CMDB Propellants[C]. [S. l.]:Sixteenth Symposium (international) on Combustion,1977:1201-1209.

[34] 张炜,朱慧. AP复合固体推进剂稳态燃烧模型综述[J]. 固体火箭技术,1994(3):38-46.

[35] 汪少平. 复合固体推进剂燃烧机理及燃速预估程序研究[D]. 南京:南京理工大学,2007.

第3章 价电子燃烧机理及建模过程

固体推进剂的燃烧过程是氧化还原过程,也就是价电子转移过程,基于这一原理,提出了一个复合固体推进剂的综合燃烧模型——价电子燃烧模型[1-12]。该模型对凝聚相反应做了更细微的分析,提出了相应的数学处理方法,特别重视和强调了各种热量传递对燃烧所起的作用,并以推进剂中处于连续相的黏合剂线性分解速度表示推进剂的线性燃速;根据此模型编制程序并进行了大量计算。计算结果与 Miller 等实验符合得较好[13-14]。在 AP/HTPB 多级配推进剂的计算结果中,相对误差小于 10% 的占 70%~80%。

3.1 概　　述

燃烧模型是进行燃烧模拟和性能研究的重要基础。到目前为止,人们已提出了以 BDP①、PEM 为代表的多种复合固体推进剂燃烧模型,并借此对复合固体推进剂的燃烧规律进行了广泛研究,取得了可喜的成果。例如:BDP 模型注意了火焰结构的复杂性,PEM 模型引进了统计方法,对氧化剂粒径分布的影响进行了定量处理;Hermance 模型特别重视了界面反应;等等。然而它们对复杂火焰的定量处理以及对 HTPB 和 AP 燃烧时的相互影响仍然考虑不够,在数学方程中仍然包含了较多没有明确意义的"浮动"参数。因此,难以进一步提高模拟计算精度。我们研究认为必须在分析火焰特征的基础上,把物理化学模型和统计方法有机地结合起来,简化模型和模拟计算方法,减少浮动参数,力求更正确地反映推进剂燃烧过程的本质。下面述及的就是这样一种模型和模拟方法。

3.2 AP 爆燃模型的建立与计算

AP 是复合固体推进剂中最常用的氧化剂,含量也最多。因此,AP 爆燃过

---

① 由 Beckstead,Derr 与 Price 三人共同研发的复合固体推进剂的多火焰模型,取他们名字中的首字母来命名,简称为 BDP 多火焰燃烧模型。

程的精确模拟,对推进剂燃烧特性的模拟研究具有重要意义。20 世纪 40 年代以来,已对 AP 爆燃提出了多种理论模型[1],解释了很多现象,但也有不足,特别是不能在大压力范围内进行准确模拟。因而,使含 AP 固体推进剂燃烧过程的精确模拟受到限制。

3.2.1　AP 火焰的动力学描述

AP 爆燃时化学反应十分复杂,要确定 AP 预混火焰中的化学反应级数和整个气相中的温度梯度确实相当困难。但没有这些参数,就不可能进行 AP 爆燃特性的模拟计算。我们是依靠 R.R.Miller 等作者的实验,找出与机理相吻合的规律,并就如何确定这些参数给出了思路。

3.2.2　AP 爆燃时气相反应的特点

推进剂在发动机中的燃烧可近似地视为绝热过程,基于这一条件,AP 爆燃模型如图 3-1 所示,包括固相分解和气相反应两个阶段。固相分解产物在气相中进一步反应,反应时放出的热量使平衡产物体系温度不断升高。

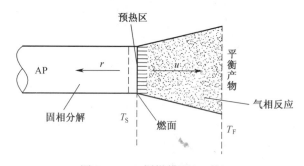

图 3-1　AP 爆燃模型(一维)

热量反馈至燃烧表面,又促进了固相分解,气流以一定速度不断向前流动,直至温度达到 T_F 时趋于平衡。由于反应时温度不断升高,某一温度下的稳定产物完全可能成为另一温度下的反应物,而且可以断言,一定还有各种活泼中间体瞬时存在。可用下列简单模式来表示这一过程:

固相燃烧表面 T_S ——→分解产物——→初始反应物 Ⅰ

T_1 产物 Ⅰ ——→反应产物 Ⅱ

T_2 产物 Ⅱ ——→反应产物 Ⅲ …… ——→ T_F 平衡产物

因此,在实际燃烧过程中,反应速度很快,在任一个温度下的反应都达到准平衡态。这样,前一个温度的反应控制了后一个温度的反应,但其放出的热量使温度升高又促进了后一个温度的反应,而且反应物和产物间并没有明确的界限,这个温度的反应物可能就是前一个温度的产物。表 3-1 为 AP 在 70 个大气压下爆燃时,不同温度时的平衡组分(表 3-1 中仅列出其中 6 种气相组分,由最小自由能法[19]计算所得)。从中可以看出,作为最初气相"反应物"之一的 NH_3 在 900K 时几乎全部消失,在以后的反应中(温度为 900~1434K),NH_3几乎为零,且没有什么变化,但体系温度还在迅速升高,反应显然没有终止。又如,作为 900K 时的反应生成物 H_2O、Cl_2,随着温度升高,它们的浓度下降,这说明生成物也在发生反应,该生成物也是反应物;因此从 T_S 到 T_F 是一个无数多个微过程的组合,"反应物"与"产物"很难有严格的区分,前一个温度的产物可能作为另一个温度下的反应物进一步发生作用。反应从 T_S 到 T_F,中间经历了无数多个不同温度下的复杂反应微过程。因此,要确切地确定这种反应的反应级数和机理确实是困难的。同时,用动力学中原来表示反应速度的方法,即用某一物质浓度的改变来描述反应速度也遇到了困难。因此,显然很难用它们的浓度变化来表示整个过程的反应速度。所以,用常温常压下的化学反应速度表示方式来描述这种近似绝热的 AP 预混火焰燃烧反应是不完全合适的,需要选择一个更能代表这种体系中反应速度的量来表示,这个量就是体系温度随时间的变化率。

表 3-1　6 种气相组分摩尔数随温度的变化

温度 /K	组分摩尔数					
	HCl	H_2O	NO	Cl_2	NH_3	O_2
900	3.4559	15.3018	0.0002	2.5291	0.0000	9.3778
930	3.7780	15.1426	0.0002	2.3705	0.0000	9.4570
960	4.0824	14.9883	0.0003	2.2158	0.0000	9.5343
990	4.3813	14.8389	0.0005	2.0062	0.0000	9.6091
1020	4.6680	14.6958	0.0007	1.9228	0.0000	9.6805
1050	4.9140	14.5581	0.0009	1.7861	0.0000	9.7486
1080	5.1993	14.4291	0.0012	1.6568	0.0000	9.8127
1110	5.4124	14.3083	0.0016	1.5350	0.0000	9.8734
1140	5.6697	14.1941	0.0021	1.4210	0.0000	9.9298
1170	5.8817	14.0879	0.0027	1.3147	0.0000	9.9825
1200	6.0783	13.9897	0.0034	1.2158	0.0000	10.0312
1230	6.2601	13.8987	0.0043	1.1243	0.0000	10.0762
1260	6.4278	13.8154	0.0053	1.0897	0.0000	10.1174
1290	6.5819	13.7380	0.0065	0.9617	0.0000	10.1550
1320	6.7230	13.6670	0.0079	0.8900	0.0000	10.1896

(续)

温度 /K	组分摩尔数					
	HCl	H_2O	NO	Cl_2	NH_3	O_2
1350	6.8521	13.6025	0.0095	0.8241	0.0000	10.2206
1380	6.9701	13.5437	0.0113	0.7636	0.0000	10.2492
1410	7.0773	13.4900	0.0134	0.7081	0.0000	10.2712
1434	—	13.4500	0.0153	0.6671	0.0000	10.2927

(1) 用价电子(化合价)反应模式来描述体系中的一切反应。

化学反应的实质就是化学旧键的断裂和新键的生成,从化学键本质看,化学反应就是价电子间的作用,对于 AP 爆燃这样一种高温、高速的预混火焰气相反应,可以这样理解反应过程:

摩尔还原元素的价电子(化合价)+摩尔氧化元素的价电子(化合价)经反应再重新组合而得到新的产物,在燃烧过程中,反应物之间、反应物与产物之间、产物与产物之间都在发生化学反应,化学反应的速度就不能用反应物的消失速率或产物的生成速率来表示。因为这里的反应物和生成物都是相同的氧化价电子或还原价电子,其浓度没有多少变化。对高温、高压、高速、绝热体系中的化学反应尤其显得合理,在此条件下的反应完全可以认为没有过渡态,纯粹是氧化价电子与还原价电子间的直接重新组合,而氧化性原子(基团)和还原性原子(基团)的比例关系也是一定的。因此,可以抽象出下列反应模式:

$$\phi = \frac{\text{总的还原性原子(基团)的价电子摩尔数}}{\text{总的氧化性原子(基团)的价电子摩尔数}} \qquad (3-1)$$

另外,常用 n 表示燃速压力指数。

1mol 氧化性原子(基团)的价电子(化合价)+ ϕmol 还原性原子(基团)的价电子(化合价)重新组合成反应平衡产物。

在计算元素的价电子(化合价)时,均以其最稳定的化合物形式,如 N_2、H_2O、CO_2、HCl 等进行计算,因为重新组合的趋势,总是生成最稳定的化合物。

据此计算,AP 爆燃时气相反应 $\phi=0.45$,反应级数就可认为是 $1+\phi=1.45$,$1+\phi$ 在整个反应过程中保持不变,但随燃料的不同而异。根据 ϕ 的大小,可以估计燃烧过程的某些特性,如:

$\phi=1$,完全燃烧,反应级数 n 为 2;

$\phi<1$,富氧燃烧,反应级数 n 为 $1-\phi$;

$\phi>1$,贫氧燃烧,反应级数 n 为 $1+1/\phi$。

可见,任何 AP 预混火焰化学反应的反应级数,只能是 $1<n<2$。

（2）用体系温度随时间变化表征反应速度：

$$\frac{\mathrm{d}T}{\mathrm{d}t} = B_1 \cdot \sqrt{T} \cdot \exp\left(\frac{-E}{R \cdot T}\right) \cdot \left(\frac{P}{R \cdot T \cdot n}\right)^n \varPhi^{\varPhi}\left\{\exp\left[\frac{C_P \cdot (T_F - T)}{R \cdot T}\right] - 1.0\right\}$$

$$(3-2)$$

式中：B_1 为经验常数；T 为体系温度；T_F 为终焰温度；E 为 AP 火焰化学反应活化能；C_P 为等压热容；R 为通用气体常数；P 为燃烧室压力；n 为反应级数。

（3）丁羟、丁羧推进剂燃烧时燃面前方形成初焰区、暗区、AP 焰区和终焰区，又可进一步分为混合区（$L_{混合}$）和反应区（$L_{反应}$）。

3.2.3　气相反应速度的表示式

如前所述，在讨论 AP 爆燃这一类近似于绝热反应的速度时，如果忽略了反应过程中放出的热量对反应速度的影响显然是不恰当的。因此，采用体系的温度随时间的变化率来描述 AP 爆燃这一类反应的反应速度。参照质量作用定律，提出了如下表示式：

$$\begin{aligned}\frac{\mathrm{d}T}{\mathrm{d}t} &= kC_{还原价电子} \cdot C_{氧化价电子}^{\varPhi} \cdot \left\{\exp\left[\frac{C_P \cdot (T_P - T)}{R \cdot T}\right] - 1.0\right\}\\ &= k\left(\frac{X_{还原价电子} \cdot P}{R \cdot T}\right)\left(\frac{X_{氧化价电子} \cdot P}{R \cdot T}\right)\varPhi\left\{\exp\left[\frac{C_P \cdot (T_F - T)}{R \cdot T}\right] - 1.0\right\}\\ &= k\left(\frac{P}{R \cdot T \cdot n}\right)^n \cdot \varPhi^{\varPhi}\left\{\exp\left[\frac{C_P \cdot (T_F - T)}{R \cdot T}\right] - 1.0\right\}\end{aligned}$$

$$(3-3)$$

式中：$n = 1+\varPhi$，为 P 压力下的绝热火焰温度，根据碰撞理论：

$$k = B_1\sqrt{T}\exp\left(-\frac{E}{RT}\right)$$

$$(3-4)$$

于是，$$\frac{\mathrm{d}T}{\mathrm{d}t} = B_1 \cdot \sqrt{T} \cdot \exp\left(\frac{-E}{R \cdot T}\right) \cdot \left(\frac{P}{R \cdot T \cdot n}\right)^n \varPhi^{\varPhi}\left\{\exp\left[\frac{C_P \cdot (T_F - T)}{R \cdot T}\right] - 1.0\right\}$$

$$(3-5)$$

式中：花括号以前的部分与作用定律没有区别；B_1 为经验常数，E 为气相反应活化能，在整个反应中不变；$\left\{\left\{\exp\frac{C_P(T_F - T)}{RT}\right\} - 1\right\}$ 反映了发生反应的潜在可能，也反映了温差（反应达到平衡的距离）对反应速度的影响。可简单地说明如下。

设从固相分解产物到气相反应平衡产物之间，经历如下途径（图 3-2）：

29

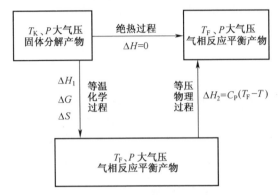

图 3-2 分解产物间反应历程流程图

注：T_K 为绝热温度，常温为 25℃；T_F 为火焰温度，P 为大气压。

因为

$$\Delta H = \Delta H_1 + \Delta H_2 = 0$$

所以

$$- \Delta H_1 = \Delta H_2 = C_P(T_F - T)$$

$$\Delta G = \Delta G_1 + \Delta G_2, 而 \Delta G_1 = \Delta H_1 - T\Delta S_1, \Delta G_2 = - S\Delta T = - S(T_F - T)$$

因而

$$\Delta G = \Delta H_1 - T\Delta S_1 - S(T_F - T) \tag{3-6}$$

从式（3-6）可看出：ΔH_1 数值越大，$T_F - T$ 数值也越大。又因 ΔH_1 为负值，说明化学反应释放的热量越多，反应速度越快。再从 ΔG 看：

$$\Delta G = \Delta G_1 + \Delta G_2, 而 \Delta G_1 = \Delta H_1 - T\Delta S_1, \Delta G_2 = - S\Delta T = - S(T_F - T)$$

$$\therefore \ \Delta G = \Delta H_1 - T\Delta S_1 - S(T_F - T)$$

式中：$\Delta H_1 < 0$，固相分解产物的分子数小于气相平衡产物的分子数，故 $\Delta S_1 > 0$，$(T_F - T) > 0$，因此，该反应的 $\Delta G < 0$，说明能自发进行，而且 $(T_F - T)$ 数值越大，ΔG 越负。

所以，$(T_F - T)$ 也表明反应进行的潜在可能性的大小。由式（3-2）可知，$T = T_F$ 时，$\dfrac{\mathrm{d}T}{\mathrm{d}t} = 0$ 意味着反应达到平衡。

从以上讨论，可更明确地了解式（3-2）的意义，对于绝热体系中的放热反应，可用能量释放的速度来表示反应速度，宏观上表现为温度随时间上升的速度。

$$\left\{ \left[\exp \frac{C_P(T_F - T)}{RT} \right] - 1 \right\}$$

该式反映了温差(反应达到平衡的距离)对反应速度的影响,实质上是按方程式所写的单位摩尔反应所释放的能量对反应速度的影响,其前面各项则表示参加反应的各物质总量对反应速度的影响,从而较完整地构成绝热体系中的化学反应速度表示式。

3.2.4　燃面附近的温度梯度计算

由图3-1可知:燃面上分解出的气体在进行气相反应的同时以速度 u 向前运动,因此

$$\frac{\mathrm{d}T}{\mathrm{d}t} = \frac{\mathrm{d}T}{\mathrm{d}x} \cdot \frac{\mathrm{d}x}{\mathrm{d}t} = \frac{\mathrm{d}T}{\mathrm{d}x} \cdot u \qquad (3-7)$$

$$u = \frac{m}{\rho'} = \frac{\gamma \cdot \rho}{\rho'} \qquad (3-8)$$

式中: m 为 AP 的质量燃速; r 为 AP 的线性燃速; ρ 为 AP 的密度; ρ' 为气相密度。对于实际气体:

$$PV = ZRT$$

式中: Z 为压缩因子。

因为

$$\mathrm{d}\overline{H} = \mathrm{d}\widetilde{U} + \mathrm{d}(P\widetilde{V})$$

即

$$\widetilde{C}_{\mathrm{P}}\mathrm{d}T = \widetilde{C}_{\mathrm{V}}\mathrm{d}T + \mathrm{d}(P\widetilde{V})$$

$$\widetilde{C}_{\mathrm{P}} - \widetilde{C}_{\mathrm{V}}\mathrm{d}T = \mathrm{d}(P\widetilde{V}) = ZR\mathrm{d}T$$

$$\widetilde{C}_{\mathrm{P}} - \widetilde{C}_{\mathrm{V}} = ZR$$

式中: $\overline{C}_{\mathrm{P}}$、$\overline{C}_{\mathrm{V}}$ 和 C_{P}、C_{V} 分别为气体的摩尔等压、等容热容及气体的等压、等容比热容。 C_{P}、C_{V} 随温度、压力的变化关系可查表或由实验求得。为简便起见,在实际计算中假定 $C_{\mathrm{P}} - C_{\mathrm{V}} = C_{\mathrm{S}}$ 为常数,有

$$\rho' = \frac{P \times 10^{-3}}{(C_{\mathrm{P}} - C_{\mathrm{V}}) \cdot T} = \frac{P \times 10^{-3}}{C_{\mathrm{S}} \cdot T} \qquad (3-9)$$

$$u = \frac{C_{\mathrm{S}} \cdot T \cdot \gamma \cdot \rho}{P \times 10^{-3}}$$

式(3-9)代入式(3-8)整理、合并常数得

$$\frac{\mathrm{d}T}{\mathrm{d}x} = \frac{1}{u}\frac{\mathrm{d}T}{\mathrm{d}t} \qquad (3-10)$$

$$\frac{\mathrm{d}T}{\mathrm{d}x} = B_2 \frac{\sqrt{T} \cdot n}{C_{\mathrm{S}} \cdot \gamma \cdot \rho} \left(\frac{\rho}{R \cdot nT}\right)^{1+n} \Phi^{\Phi} \cdot \exp\left(-\frac{E}{RT}\right) \left\{\exp \frac{C_{\mathrm{P}}(T_{\mathrm{F}} - T)}{RT}\right\} - 1\right\}$$

这样就求得燃面处的温度梯度 $\left(\dfrac{\mathrm{d}T}{\mathrm{d}x}\right)_{T = T_{\mathrm{S}}}$，就可求出气相对燃面的传热量。

3.2.5　AP 爆燃过程中凝聚相反应机理探讨

1970 年,Boggs 等人用高速摄影技术和电子显微镜仔细研究了 AP 的爆燃特性[18]。他们发现,AP 在较低压下爆燃时,晶体首先软化,然后黏结成团,高温时燃面出现液相,在高压下则液相逐渐消失,出现针状结构,压力越高,针状结构越多。爆燃速度、压力指数受压力的影响也较大,单个 AP 晶体(密度为 1.95g/cm³)的燃速与压力的关系的实验结果见图 3-3。

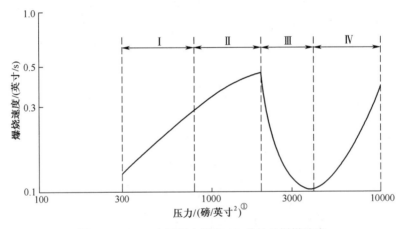

图 3-3　Boggs 在氮气中测定 AP 单晶的爆燃速度

由图 3-4 可以看出我们的模拟计算(理论计算)结果与 Boggs 的实验结果[17]吻合得很好, 这说明我们提出的 AP 价电子燃烧模型和模拟计算的方法是符合实际的、可信的, 它真实地反映了实际的爆燃过程。

Boggs 等人在论文中有如下的结论:任何 AP 爆燃过程的模拟理论,必须建立模拟计算结果符合图 3-4 曲线及表 3-2 所列全部特征,通过对 AP 爆燃时瞬聚相反应特性的研究,证实了 AP 价电子燃烧模型、推导的数学公式及模拟计算方法是正确的、符合实际的。

---

①　1 磅≈0.454kg;1 英寸=2.54cm。

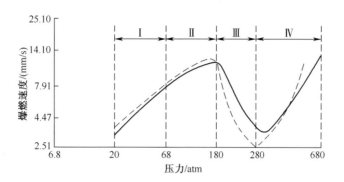

图 3-4 AP 的爆燃速度实验与理论计算结果的比较(彩色版本见彩插)

注:虚线为 Boggs 实验结果;实线为理论计算结果;1atm = 101.325kPa。

表 3-2 理论计算结果与 Boggs 实验结果的比较

阶段	压力范围 /atm		燃速/(cm/s)		压力指数		燃面结构特征	
	实验	计算	实验	计算	实验	计算	实验	计算
I	20~54	20~56	0.33~0.76	0.324~0.756	—	—	全部由液体泡沫层覆盖。液体泡沫中含有气体;压力升高。液层厚度下降	HBG = 1.0 固相分解为净放热压力升高,放热量减少
	56~70	56~70	0.76~0.86	0.755~0.922	dr/dp 逐渐变小	0.86~0.77	峰谷结构开始出现	HBG = 1.0 →0.99
II	70~136	70~130	0.86~1.22	0.922~1.18	dr/dp 逐渐变小	0.77~0.0	峰谷状结构,谷底为反应中心;压力升高,峰高下降;出现少许针状结构	HBG = 0.99 →0.93
III	140~280	130~315	1.22~0.25	1.18~0.35	dr/dp 为负值	0.0~-1.96	部分燃面由针状结构覆盖	HBG = 0.93 →0.02
IV	大于280	大于315	0.25~	0.36~	dr/dp 大于1	1.45	针状结构覆盖全部燃面	HBG = 0.0

注:HBG 代表燃面上熔液层的覆盖面积分数;(1.0-HBG) 则为针状结构所占燃面分数;dr/dp 为燃速随压力变化速率

许多人曾用不同的方法测定 AP 爆燃时的燃面温度,结果相差较大,其原因之一是燃面温度并不是均匀分布的, Beckstead[20] 的计算值为 800~873K,而由格拉兹阔娃编著、马庆云翻译的《爆炸物燃烧的催化作用》一书测定结果如图 3-5 所示,由图 3-5 可以看出,燃面温度随压力的变化同我们的计算结果基本一致,计算的燃面温度为 800~830K。

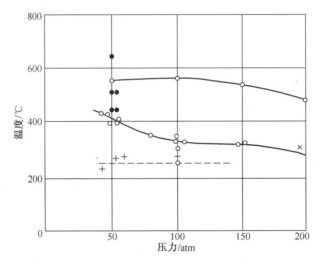

图 3-5　AP 燃面温度与压力的关系

注:“○”.“●”“×”“+”表示不同的实验方法测得的温度[20];⊙为我们计算的温度。

在考虑改变燃速时,应主要从能量守恒角度进行。如欲提高 AP 的燃速,就要设法增加凝聚相反应的净放热量或提高气相温度梯度、燃面热传导系数来增加气相对燃面的传热量。总之,能量才是固相分解的动力,燃面温度只是能量作用的结果。

3.2.6　凝聚相反应在不同压力下的两种反应机理

1. 不同压力下的两种反应机理

图 3-3 和图 3-4 说明:随着燃烧压力的升高,AP 燃速经历了一个由上升到下降再上升的曲折过程,这意味着 AP 爆燃的凝聚相分解、燃面反应及气相反应历程可能随压力的变化而变化。从燃面能量平衡的角度可进一步设想:由于气相反馈给燃面的热量,一般随压力的增加而增加。因而,燃速随压力的升高而降低,应该说是凝聚相反应总放热量的减少速度大于气相反馈给燃面热量的增加速度的必然结果。那么,凝聚相反应放热量较大幅度减少的原因是什么?不少学者提出[7],对于 AP 爆燃,低压下凝聚相反应占主导地位,高压下气相反应占

主导地位。导致这种转移的关键又在哪里？再考虑到低压下燃面呈熔融态而高压下燃面呈干燥的针状结构等事实,提出如下假设:不同压力下 AP 的凝聚相有着不同的分解历程,即低压下 AP 在熔融层中分解,其产物进一步发生作用的放热反应历程(Ⅰ),高压下固相 AP 直接分解并气化的吸热分解历程(Ⅱ),可表示如下:

历程 Ⅰ:

$$NH_4ClO_4(s) \xmtl{\text{熔融}} NH_4ClO_4(a) \rightleftharpoons NH_3(a) + HClO_4(a)$$
$$\longrightarrow NH_3(a) + OH(a), \Delta H = 722.2J/g^{[6]}$$
$$\longrightarrow 2H_2O(g) + NO(g) + ClO(g)$$

其中:s、a、g 分别表示固态、吸附态和气态。

历程 Ⅱ:

$$NH_4ClO_4(s) \xrightarrow{k_1} NH_3(a) + HClO_4(a), \Delta H_2 = 2063.2J/g$$
$$\xrightarrow{k_2} NH_3(g) + HCl(g) + 2O_2(g)$$

研究认为,Boggs 等人的试验结果是这两种历程在不同压力条件下相互竞争的结果。若知道 k_1 步反应是高度吸热的反应($\Delta H_2 = 2063.2J/g$),就使得在发生 k_1 步反应的微小区域中的温度瞬间降低,如果此时气相压力较低,燃面附近的气相温度梯度就较小,传给燃面的热量少(见表 3-3 中的 Q_{OX}),这样处于吸附态的 $NH_3(a)$ 和 $HClO_4(a)$ 在获得能量(主要是通过熔液层从周围的高温区域热传导获取)而气化之前,将在熔液层中进行相对运动而进一步反应。如历程 Ⅰ 所示,这进一步的反应是放热反应。反应的结果是:使自己处于吸附状态的产物获得能量而气化,同时又促进附近区域进行类似的反应。Boggs 等人总结了计算与实验结果,并做了详细的比较,列于表 3-2 中。

具体说明如下:在 20~140atm 时,反应历程 Ⅰ 占主导地位,此时燃面温度较低,AP 首先发生熔融,并分解成 $NH_3(a)$ 和 $HClO_4(a)$,产物在熔融层中作相对运动而进一步反应,这是一个放热过程。放出的热量一方面使处于吸附态的反应产物获得能量而气化,同时又促使附近区域作类似反应。因此,在这种低压条件下,固相分解所需热量主要由凝聚相放热反应提供。随着压力增高,熔融层逐渐变薄,凝聚相放热逐渐减少,但气相热传导量增加较快,总的结果使燃面温度和燃速不断上升;自 140~300atm,随着压力增高,凝聚相反应放热量越来越少,所以出现负值(见表 3-3、Q_{BG}),说明此时已发生了 AP 直接固相分解的吸热反应,但气相热传导的热量还不足以全面持续地维持此种吸热反应的进行。因此,燃面温度及燃速均不断下降直至最低点。当压力超过 300atm 时,AP 直接固相分解逐渐占主导地位。因为高压使气相放热反应速度很大,在燃面附近形成很高的温度梯度,使气相向燃面传导的热量多且快(见表 3-3、Q_{OX}),可以在瞬间补偿 AP 吸热分解所需能量,并使极不稳定的 $HClO_4$(90℃时就爆炸式地分解[21])形成,就立即分解成气态产物[8],$NH_3(a)$ 也紧接着被气化。压力越高,传至燃面的热量越多。因此,燃面温度及燃速又随压力的增大而上升。由于此时已消失了 AP 的熔融层,AP 几乎完全由固相直接分解进入气相,因而气相反应在 AP 整个爆燃过程中占主导地位。

2. AP 粒径等对 AP/HTPB 推进剂燃速、压力指数的影响

我们用价电子燃烧模型模拟计算方法研究 AP 粒径等对 AP/HTPB 推进剂燃速、压力指数的影响,其结果见表 3-3,图 3-6 展示了 AP 粒径对燃速(r)等参数的影响。

表 3-3　几个参数值随压力的变化

压力 P/atm	火焰温度 T_F/K	熔液态燃面分数 H_{BG}	气相传热量 Q_{OX}/(cal/s)	凝聚相反应热 Q_{OX}/(cal/s)	燃面温度 T_S/K	燃速 u /(cm/s)
20.0	1425.2456	1.0000	4.0504	172.7594	793.0696	0.3131
40.0	1430.7695	0.9996	14.9097	172.5316	807.9028	0.5542
60.0	1434.3467	0.9978	30.9897	171.3438	817.9307	0.8057
80.0	1437.1672	0.9922	52.8582	167.6916	824.4687	1.0234
100.0	1439.4246	0.9791	82.8394	159.2000	827.9326	1.1598
120.0	1441.1836	0.9536	124.4208	142.6681	828.6931	1.1919
140.0	1442.8149	0.9099	180.4796	114.2751	827.4121	1.1382
160.0	1444.2981	0.8424	250.6671	70.4048	824.8362	1.0371
180.0	1445.5752	0.7476	329.5525	8.8561	821.5120	0.9189
200.0	1446.8000	0.6268	406.3579	−69.5540	817.7329	0.7999
220.0	1447.8596	0.4880	466.8503	−159.7057	813.6014	0.6865
240.0	1448.7954	0.3456	498.5332	−252.1638	809.2102	0.5822
260.0	1449.7505	0.2175	497.6899	−335.3577	804.6919	0.4907
280.0	1450.6155	0.1185	474.2405	−399.6348	800.4763	0.4175
300.0	1451.4082	0.0544	449.0068	−441.2419	797.3369	0.3698
320.0	1452.1970	0.0205	440.9353	−463.2603	795.9998	0.3511
340.0	1452.9077	0.0062	454.9695	−472.5835	796.4282	0.3570
360.0	1453.5598	0.0014	484.4963	−475.6677	797.9004	0.3780
400.0	1454.8425	0.0000	561.4800	−476.5801	801.6206	0.4363

（续）

压力 P/atm	火焰温度 T_F/K	熔液态燃面分数 H_{BG}	气相传热量 Q_{OX}/(cal/s)	凝聚相反应热 Q_{OX}/(cal/s)	燃面温度 T_S/K	燃速 u /(cm/s)
440.0	1456.0254	0.0000	645.1074	-476.5999	805.1880	0.5000
520.0	1458.0559	0.0000	822.8657	-476.9994	811.5173	0.6349
480.0	1457.0847	0.0000	732.3142	-476.5999	808.4731	0.5663
560.0	1458.9395	0.0000	916.5933	-476.5999	814.3545	0.7058
600.0	1459.9409	0.0000	1013.5728	-476.5999	817.0164	0.7790
640.0	1460.5964	0.0000	1113.2056	-476.5999	819.5144	0.8541
680.0	1461.3481	0.0000	1215.8267	-476.5999	821.8770	0.9312
720.0	1462.0322	0.0000	1321.1689	-476.5999	824.1152	1.0103
800.0	1463.3521	0.0000	1539.8101	-476.5999	828.2720	1.1740

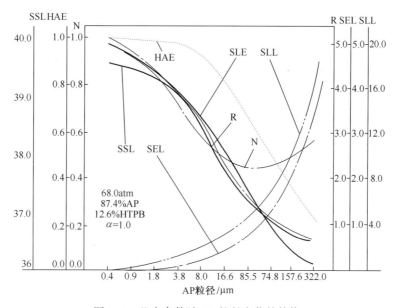

图 3-6　几个参数随 AP 粒径变化的趋势

　　因这种反应是按温度梯度最大的纵向接受热传导而发生的,燃面出现密而细的针状结构可能与此有关。根据以上分析看图 3-3,可认为 AP 爆燃时的固相分解,Ⅰ反应区以历程Ⅰ占绝对优势,在Ⅱ反应区历程Ⅱ开始出现,Ⅲ反应区是由历程Ⅰ占优势到历程Ⅱ占优势的过渡阶段,Ⅳ反应区中,历程Ⅱ占绝对优势。无论哪一种阶段,其控制步骤均为:

$$HO—ClO_3 \longrightarrow OH+ClO_3$$

这是独立的断键反应,活化能近似于 O—Cl 的键能。因此,AP 爆燃的固相分解活化能为:$E_{OX} = 205.02 \text{kJ/mol}$。

3.2.7 凝聚相反应热的计算

AP 爆燃时固相沿两种历程分解,其放热量是不同的。如前所述,AP 爆燃时,不同压力下凝聚相反应的净放热量是不同的。要计算总的凝聚相反应热,必须首先计算在一定条件下发生历程 Ⅰ 或历程 Ⅱ 反应的质量分数或燃面分数,由上面的分析可知压力越高越有利于历程 Ⅱ,反之越有利于历程 Ⅰ,但无论在何种条件下,历程 Ⅰ 所占面积分数(或质量分数)H_{BG} 都只能是 $0 < H_{BG} < 1$。至此,可假设一个指数函数关系:

$$H_{BG} = \exp[-B_3 \cdot P^\beta / T_S] \tag{3-11}$$

式中:B_3、β 均为经验常数。总的凝聚相反应热为

$$Q_{BG} = \Delta H_1 \cdot H_{BG} + \Delta H_2 (1.0 - H_{BG}) \tag{3-12}$$

3.2.8 AP 爆燃的模拟计算

1. 基本假设

(1) AP 爆燃近似于绝热体系,不计热量损失。

(2) 火焰是一维的。

(3) 火焰对燃面的传热方式主要是热传导,忽略辐射传热。

(4) AP 固相分解速度:

$$r = B_4 \exp(-E_{OX}/RT_S)$$

式中:B_4 为经验常数。

2. 计算公式

(1) 燃面上能量平衡方程:

$$\gamma \cdot \rho_{OX} \cdot C_S (T_S - T_0) = Q_{OX} + \gamma \cdot \rho_{OX} \cdot Q_{BG} \tag{3-13}$$

式中:Q_{OX} 为气相对燃面的热传导量。

(2) AP 固相分解速度方程:

$$\gamma_{AP} = B_4 \exp \left(-\frac{E_{OX}}{R \cdot T_S} \right) \tag{3-14}$$

式中:B_4 为经验常数。

3. 方程中各参数的计算

(1) C_S。

AP 的 $C_P = 0.1378 + 0.4116 \times 10^{-3} T$(单位为 cal/(g·K)) $\tag{3-15}$

$T_0 \sim T_S$ 间的平均热容为

$$C_S = \frac{1}{T_S - T_0} \int_{T_0}^{T_S} C_P \mathrm{d}T = 0.576 + 8.5985 \times 10^{-4} \cdot (T_S + T_0)$$

（2）Q_{OX}。

$$Q_{OX} = \lambda'_{固} \left(\frac{\mathrm{d}T}{\mathrm{d}x}\right)_{T = T_S} \tag{3-16}$$

式中：$\lambda_{固}$ 为燃面热传导系数（J/（K·cm²·s））。这里用燃面而不用气体的热传导系数，一方面是假设气体的热传导系数为一常数，另一方面因为不同的燃面结构有不同的热传导系数。针对本书的情况，就是随压力和燃面温度而变化。

$$\lambda'_{固} = \lambda_{液} H_{BG} + \lambda_{固}(1.0 - H_{BG}) \tag{3-17}$$

式中：$\lambda_{液}$、$\lambda_{固}$ 分别为熔融态和晶态 AP 的热传导系数；H_{BG} 为熔融态燃面的面积分数。

（3）Q_{BG}。

$$Q_{BG} = \Delta H_1 \cdot H_{BG} + \Delta H_2 \cdot (1.0 - H_{BG})$$

（4）$T_F(K)$ 用最小自由能法求得[19]。

4. 模拟计算结果和讨论

（1）计算步骤：

① 用最小自由能法求所设压力下的 T_F。

② 将其他参数值和 T_F 代入式（3-13）和式（3-14），在计算机上迭代求解，可得 r 和 T_G。

③ 用分段线性回归法计算压力指数。

（2）一些常数取值见文献[5,6]，大部分常数值已在前面的理论分析中得到。另外几个经验常数是根据实验确定的，现一并列出：

$$\Delta H_1 = 722.99(\mathrm{J/g})$$
$$\Delta H_2 = -2065.22(\mathrm{J/g})$$
$$E_{OX} = 205.02(\mathrm{kJ/mol})$$
$$E = 92.05(\mathrm{kJ/mol})$$
$$\lambda_{液} = 3.285 \times 10^{-3}(\mathrm{J/(cm^2 \cdot s)})$$
$$\lambda_{固} = 3.556 \times 10^{-4}(\mathrm{J/(cm^2 \cdot s)})$$
$$n = 1 + \Phi = 1 + 0.45 = 1.45$$
$$\rho = 1.95(\mathrm{g/cm^3})$$
$$B_2 = 0.14 \times 10^{13}$$
$$B_3 = 0.22 \times 10^{-7}$$
$$B_4 = 0.1 \times 10^{14}$$
$$\beta = 4.45$$

(3) 不同压力下(20~800atm)的各参量及燃速计算结果：

从图 3-3 及表 3-2 中可看出,模拟计算结果和 Boggs 等人的实验结果在 20~500atm 范围内符合得很好。这说明我们的绝热火焰化学反应模式对反应级数、反应速度、温度梯度、凝聚相反应热的分析和计算都是正确的。

3.3 AP 复合固体推进剂价电子燃烧模型

3.3.1 建立 AP/HTPB 推进剂的价电子燃烧模型

按照 AP 爆燃模型建立的原理和方法,建立了 AP/HTPB 推进剂的价电子燃烧模型,首先设想并绘制了 AP/HTPB 推进剂燃烧模型的示意图(图 3-7)。由我们提出的燃烧模型示意图可看出,AP/HTPB 推进剂为非均相体系,有两个显著特点:

(1) AP 是间断相,HTPB 是连续相(以前的学者都认为推进剂燃速受 AP 控制);

(2) AP 可以爆燃形成 AP 焰,HTPB 不能。根据这两点及热分析,燃面结构、火焰结构等实验结果,研究认为:

① AP 粒子在亚燃面层中就开始分解。这是因为 HTPB 的热分解温度比 AP 的高温分解温度高出约 100℃以上,而且在亚燃面层中分解的 AP 放出的热量比面上分解时放出的热量多。

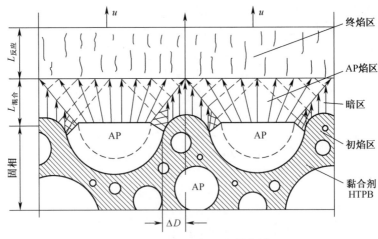

图 3-7　AP/HTPB 推进剂燃烧模型

② 燃面上的 AP 形成一个 AP 预混火焰,燃气呈圆台形向四周扩展(包括扩散),同 HTPB 分解气体混合后,形成一个最终的预混火焰,在 AP、HTPB 交界处

的小空间里,由 AP 固相分解气体和 HTPB 的分解产物形成一个"初焰"(不一定是发光的火焰,相对暗区来说,它是初始放热反应)。

③ 根据热传导与温度梯度成正比的原理,AP 燃面主要接受 AP 混焰的热传导,终焰的热量很难以传导的方式传至 AP 燃面;燃面的 HTPB 部分主要接受终焰热传导,AP、HTPB 交界处还接受初焰的少量传热;整个燃面接受终焰的辐射传热。

④ 用 HTPB 的线性热分解速度表征推进剂的燃速。因 HTPB 的热分解在相当程度上依赖于 AP 的首先分解,AP 分解特性对推进剂燃速的影响通过燃面上的能量平衡方程来反映。如 HTPB 的线性分解速度表示为

$$r = B_5 \cdot \exp(-E_H/R \cdot T_S) \tag{3-18}$$

式中:T_S 为燃面温度,显然受 AP 燃烧的制约;E_H 为 HTPB 分解活化能;B_5 为经验常数。

3.3.2　价电子燃烧模型数学公式建立及参数计算

1. 数学模型计算公式

(1) 燃面上能量平衡方程:

$$r \cdot \rho \cdot C_S(T_S - T_0) = Q_{OX} + E_S + r \cdot \rho \cdot Q_{BX} \tag{3-19}$$

式中:ρ 为推进剂密度;C_S 为推进剂平均热容,T_0 为初始温度;Q_{OX} 为气相反应对燃面的热传导热量;E_S 为终焰对燃面的辐射热量;Q_{BX} 为推进剂凝聚相反应总热效应;r 为线性燃速;T_S 为燃面温度。

(2) HTPB 的线性分解速度方程:

$$r = B_5 \cdot \exp(-E_H/R \cdot T_S) \tag{3-20}$$

式中:T_S 为 HTPB 分解温度,即燃面温度。

2. 公式中各参数的计算式

(1) C_1: AP 的 $C_P = (0.576 + 1.7205 \times 10^{-3}T) + B_{M1} \times 1.254$
所以 AP/HTPB 推进剂 C_P 应为

$$C_P = B_{M1} \times (0.576 + 1.7205 \times 10^{-3}T) + B_{M1} \times 1.2543 \tag{3-21}$$

式中:B_{M1},B_{M2} 分别为 AP 和 HTPB(包括固化系统)的质量分数。同时从 T_0 到 T_S 间的平均热容为

$$C_S = \frac{1}{T_S - T_0}\int_{T_0}^{T_S} C_P dT = B_{M1}[0.576 + 0.8603(T_S + T_0)] + B_{M1} \times 1.254 \tag{3-22}$$

(2) E_S:由黑体辐射公式 $E = 5.665 \times 10^{-4}\left(\dfrac{T}{100}\right)^4$ ($J/(s \cdot cm^2)$) 可知辐射热

与温度的 4 次方成正比。因此在火焰温度很高的绝热的(特别是含铝)推进剂燃烧中,辐射传热不能忽略。但要精确计算火焰的 E 又很困难,实际应用中是在黑体辐射公式前加一个大于 0 而小于 1 的减弱系数:

$$E_S = 5.665 \times 10^{-4}(\alpha + v)\left(\frac{T}{100}\right)^4 \ (J/(s \cdot cm^2)) \tag{3-23}$$

式中:$(a+v)$ 为减弱系数,其中 a 与压力有关,v 为火焰中炽热凝聚态物质(如 C、Al_2O_3 等)的质量分数。T_F 为终焰绝热温度。

(3) Q_{BX} 是每克固体推进剂分解、气化等过程的总热效应,包括 AP、HTPB 分解和凝聚相反应热。

AP 的分解过程如图 3-8 所示,如前所述,AP 在亚燃面层中就开始分解,其分解产物由于不能像在燃面上那样立即进入气相,从而有一定的时间和条件与熔融态的 HTPB 反应而放出热量。因此,单位质量的 AP 在亚燃面层中分解时放出的热量比在燃面上分解时放出的热量要多。另外,在 AP、HTPB 界面处的 AP,虽然其分解产物与 HTPB 发生反应的机会不如在亚燃面层中多,但初焰的热传导可作一补偿。因此,可以近似认为:单位质量的 AP 在界面处分解加上初焰的热传导和单位质量的 AP 在亚燃面层中分解,其放热量相同。在下面的计算中,就把初焰对固相分解的影响归结为界面处 AP 分解时放热量的增加,同时把界面处分解的那部分 AP 也看作是在亚燃面层中分解的 AP。

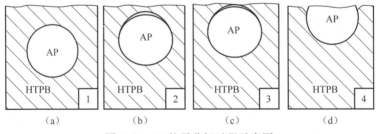

图 3-8　AP 粒子分解过程示意图

亚燃面层中 AP 的分解分数 H_{AE} 受多种因素影响,最重要的是 AP 粒径和燃速的关系。图 3-8 和图 3-9 形象地绘制出 AP 粒子分解过程示意图和燃烧过程中氧化剂晶粒变化示意图, 这两种示意图大同小异, 都真实形象地反映出 AP 粒子在分解或燃烧过程中晶粒变化过程。图 3-9 中 1 为氧化剂 AP 粒径在黏合剂中还未分解;2 为氧化剂 AP 粒径部分露出黏合剂并分解了;3 为氧化剂 AP 粒径较大部分露出黏合剂并分解了;4 为氧化剂 AP 粒径更大部分露出黏合剂并分解了;5 为氧化剂 AP 粒径绝大部分露出黏合剂并分解了;6 为氧化剂 AP 粒径全部露出黏合剂并分解了。

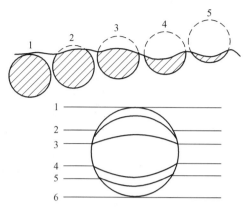

图 3-9　燃烧过程中氧化剂晶粒变化示意图

假设在一定条件下,不论 AP 粒径大小,都有 dz 厚度的表面层在亚燃面层中分解,dz 厚度的球壳占整个 AP 粒子的质量分数为

$$H_{AE} = \frac{dz \cdot 4\pi(D/2)^2}{4/3 \cdot \pi \cdot (D/2)^3} = \frac{6}{D}dz \tag{3-24}$$

式中:D 为 AP 粒径;dz 的大小受压力、燃速、燃面温度以及 HTPB 的质量分数和黏合剂分解温度 T_H 等因素的影响。由于亚燃面层中 AP 分解的分数只能是 $0 \leqslant H_{AE} \leqslant 1$,可构成这样一个指数函数:

$$H_{AE} = 1 - \exp\left(-\frac{B_5\sqrt{T_S \cdot P} \cdot B_{M2}}{T_H \cdot r \cdot D \cdot \rho_H}\right) \tag{3-25}$$

AP 在亚燃面及燃面分解时凝聚相放热量为 B_M。

HTPB 的高温分解受外界条件的影响较小,其分解热 E_{TH}(J/s) 可视为常数。于是有:

$$Q_{BX} = B_{M1}[H_{AE} \cdot E_{TS} + (1 - H_{AC})Q_{BG}] + B_{M2}E_{TH} \tag{3-26}$$

式中:E_{TS} 为 AP 在亚表面层中分解的放热量(单位为(J/s));Q_{BG} 为 AP 在燃面分解时的放热量(单位为(J/s)),其计算方法见文献[1]。如上所述,$E_{TS} > Q_{BG}$。

(4) Q_{OX} 包括燃面上 AP 部分接受 AP 焰的热传导和 HTPB 部分接受终焰的热传导。AP 焰对 AP 燃面的热传导由下式计算:

$$Q_{OX1} = \lambda'_{固}\left(\frac{dT}{dr}\right)^{AP}_{T = T_S}$$

$\lambda'_{固}$ 为燃面热传导系数,$\left(\dfrac{dT}{dr}\right)^{AP}_{T = T_S}$ 为燃面处温度梯度。HTPB 燃面上的热传导比较复杂,需特别处理。由图 3-10 可知,终焰到燃面的距离为 L。

$$L = L_{混合} + L_{反应} \tag{3-27}$$

$L_{混合}$ 的大小与 ΔD(见图 3-10)密切相关。由图 3-10 可看出,直径大小不

43

同的 AP 粒子在 HTPB 相中是随机分布的。因此可以认为 ΔD 为不同直径的 AP "柱"(由 AP 粒子转化而来)周围黏合剂厚度的统计平均值。据此可计算 ΔD。

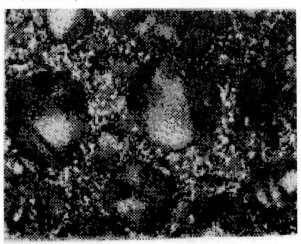

图 3-10　AP/HTPB 推进剂截面照片

(Neophot, I 型卧式显微镜,160 倍)

设面积为 $1cm^2$、高为 $1cm$ 的推进剂中,粒径为 $D_{ij}(i、j$ 分别为级配和每一级配中的粒径分布编号)的 AP 粒子的质量为 YM_{ij},在 $1cm^2$ 的燃面上,有直径为 D_{ij} 的 n_{ij} 个 AP"柱",则有

$$n_{ij} \cdot \pi \cdot (D_{ij}/2)^2 \cdot \rho_{OX} = YM_{ij}$$

即

$$n_{ij} \cdot \pi \cdot D_{ij} = 4.0 YM_{ij}/(\rho_{OX} \cdot D_{ij})$$

又因为

$$\sum_{ij} n_{ij} \cdot \pi \cdot D_{ij} \Delta D = S_z \qquad (3-28)$$

将式(3-24)代入式(3-28)有

$$\Delta D = \frac{\rho_{OX} \rho_{OH} B_{M2}}{4 \rho_H} \cdot \frac{1}{\sum_{ij}(M_{ij}/D_{ij})} \qquad (3-29)$$

$$S_z = \frac{\rho_{OH}}{\rho_H} \cdot B_{M_2}$$

式中:S_z 为 HTPB 所占的实际燃面分数;ρ_{OX}、ρ_H 分别为氧化剂和黏合剂的密度;ρ_{OH} 为推进剂燃面处的实际密度。

$$\rho_{OH} = \frac{B_{M1}(1 - H_{AE}) + B_{M2}}{B_{M1}(1 - H_{AE})/\rho_{OX} + B_{M2}/\rho_H} \qquad (3-30)$$

　　另外,AP 分解气体与 HTPB 分解气体的混合过程并不是靠简单的扩散过程完成的。图 3-11 是一幅推进剂药条燃烧时预混火焰的高速摄影照片。由于在燃面附近的火焰薄层内,温度梯度很大,火焰中气体因温度急骤升高而膨胀,使火焰在燃面前方呈圆台形向四周扩展。可以推想,在推进剂燃烧过程中,燃面上的 AP 预混火焰也将是一个圆台形火焰,它的扩展将加速 AP、HTPB 分解气体的混合,减小 $L_{混合}$。

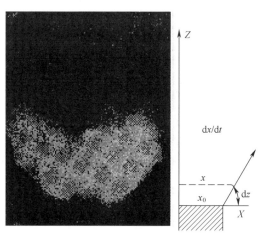

图 3-11　推进剂药条火焰形状照片(高速摄影)

如图 3-11 所示在燃面附近的 dz 薄层气相中:

$$PV = nRT_S$$

$$V = \pi \cdot x_0^2 dz$$

$$P \cdot \pi \cdot x_0^2 dz = nRT_S \qquad (3-31)$$

　　随着气体向前运动,温度从 T_S 不断升高,离开 dz 薄层后气体温度变为 T,当 dz 极小时,可认为 n 变化不大。于是有

$$P \cdot \pi \cdot x^2 dz = nRT \qquad (3-32)$$

由式(3-32)除以式(3-31),得

$$x^2 = \frac{x_0^2}{T_S} T$$

将上式两边对时间 t 求微分,就有

$$\frac{dx}{dt} = \frac{x_0^2}{2x \cdot T_S} \cdot \frac{dr}{dt} = \frac{x_0^2}{2x \cdot T_S} \cdot \frac{dr}{dt} \cdot \frac{dT}{dr} = \frac{u\, x_0^2}{2x \cdot T_S} \cdot \frac{dT}{dr}$$

式中:u 为气体的轴向运动速度;$\dfrac{dT}{dr}$ 为 AP 焰在燃面附近薄层内的温度梯度。由于我们只考虑 dz 薄层区域,且 dz 取得很小,故 x_0 与 x 相差不大,即 $(x-x_0) \le x_0$,

故 $x_0 \approx x$，则

$$\frac{\mathrm{d}x}{\mathrm{d}t} = \frac{x_0}{2x T_\mathrm{S}} \cdot u \cdot \left(\frac{\mathrm{d}T}{\mathrm{d}r}\right)_{T=T_\mathrm{S}}^{\mathrm{AP}} \tag{3-33}$$

还应注意到：扩散的本质是分子运动，分子运动的速度正比于 $\sqrt{T}$，因此当温度变化时，扩散速度也是有变化的，B_7 为经验常数。于是，AP 燃气分子向 HTPB 区域（暗区）横向运动的速度为

$$\frac{\mathrm{d}x}{\mathrm{d}t} + B_7 \sqrt{T_\mathrm{S}} = \frac{uD}{4\,T_\mathrm{S}}\left(\frac{\mathrm{d}T}{\mathrm{d}r}\right)_{T=T_\mathrm{S}}^{\mathrm{AP}} + B_7 \sqrt{T}$$

那么，越过 ΔD 的时间即为

$$\Delta T = \frac{\Delta D}{\dfrac{uD}{4\,T_\mathrm{S}}\left(\dfrac{\mathrm{d}T}{\mathrm{d}r}\right)_{T=T_\mathrm{S}}^{\mathrm{AP}} + B_7 \sqrt{T}}$$

则在 Δt 时间内，气体以速度 u 运动的距离为

$$L_{混合} = u \cdot \Delta t = \frac{u\Delta D}{\dfrac{uD}{4\cdot T_\mathrm{S}}\left(\dfrac{\mathrm{d}T}{\mathrm{d}r}\right)_{T=T_\mathrm{S}}^{\mathrm{AP}} + B_7 \sqrt{T}} \tag{3-34}$$

终焰是一个预混火焰，可以用描述 AP 焰的方法来描述：

$$L_{反应} = \int_{T_2}^{T_\mathrm{F}} \left(\frac{1}{\mathrm{d}T/\mathrm{d}r}\right)\mathrm{d}T = \frac{T_\mathrm{F} - T_\mathrm{S}}{(\mathrm{d}T/\mathrm{d}r)_{r=r^2}} \tag{3-35}$$

式中：$\dfrac{\mathrm{d}T}{\mathrm{d}r}$ 为终焰的温度梯度；T_S 为 $T_g - T_\mathrm{F}$ 间的某一温度。上面几式中 $\dfrac{\mathrm{d}T}{\mathrm{d}r}$ 的计算方法见文献[1-6]。

于是，终焰对 HTPB 燃面的热传导为

$$Q_{\mathrm{OX}}{}^2 = \lambda \frac{T_\mathrm{F} - T_\mathrm{S}}{T} = \lambda \frac{T_\mathrm{F} - T_\mathrm{S}}{L_{混合} + L_{反应}}$$

式中：λ 为气体热传导系数。于是有

$$Q_{\mathrm{OX}} = S_x Q_{\mathrm{OX}^2} + (1 - S_x) Q_{\mathrm{OX}^2} \tag{3-36}$$

T_F 为终焰的最高火焰温度（K），用最小自由能法求得。

3.3.3 计算实例

根据式（3-1）、式（3-2）和其中各参数的计算式用高级语言编制了程序，在计算机上可以很快求出任何配方（不同 AP 粒径、级配、含量等）AP 推进剂的燃速和压力指数。

1. AP/HTPB 推进剂的模拟计算的精度

计算结果如表 3-4、图 3-12、图 3-13 所示。从中可看出，模型和模拟方法

表 3-4　推进剂燃烧性能计算值与实验值的比较

编号	标定粒径的颗粒百分数/%								燃速/(cm/s)		压力指数	
	448μm	195μm	71μm	44.2μm	22.6μm	5.23μm	1.89μm	0.69μm	实验	计算	实验	计算
SD-2			0.316		0.137			0.421	2.977	3.230	0.916	0.926
SD-3					0.558			0.316	3.636	3.387	0.689	0.861
SD-4		0.316			0.242			0.316	2.847	2.930	0.797	0.916
SD-5	0.421				0.137			0.316	2.253	2.730	0.928	0.964
SD-6				0.316	0.137	0.316	0.105		2.903	2.660	0.621	0.630
SD-8				0.316	0.242		0.316		2.786	2.723	0.692	0.677
SD-9		0.316			0.242		0.316		2.743	2.490	0.771	0.712
SD-10	0.421				0.137		0.316		2.278	2.307	0.841	0.763
SD-12			0.316		0.137	0.421			2.626	2.409	0.617	0.596
SD-14		0.316			0.242	0.316			2.477	2.134	0.613	0.593
SD-15	0.421				0.137	0.316			1.824	1.947	0.693	0.636
SD-16		0.316		0.316	0.242				1.417	1.411	0.451	0.485
SD-17			0.316		0.558				2.118	1.728	0.474	0.482
SD-18			0.421		0.453				1.803	1.631	0.437	0.479
SD-19		0.316			0.558				1.974	1.595	0.529	0.494
SD-20	0.421				0.453				1.405	1.387	0.610	0.521
SD-21	0.316	0.316		0.105	0.137				0.828	1.059	0.430	0.516
SD-22	0.316			0.421	0.137				1.316	1.294	0.458	0.500
SD-23		0.421		0.316	0.137				1.171	1.270	0.463	0.487
SD-24		0.316		0.421	0.137				1.364	1.348	0.449	0.482
SD-25	0.421			0.316	0.137				1.120	1.197	0.528	0.510

对压力指数进行计算时,相对误差小于 10% 的占 81%,对燃速的计算,相对误差小于 10% 的占 77%,比 PEM 模型的计算精度提高了约 15%,而且从表 3-4 的比较中还可看到,模拟计算中揭示的规律和 Miller 实验揭示的规律是一致的。

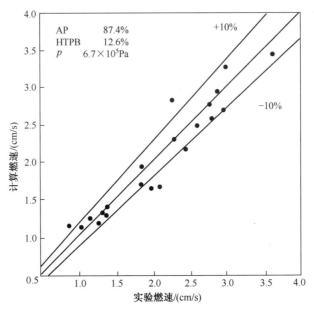

图 3-12　计算燃速与 Miller 实验值比较(彩色版本见彩插)

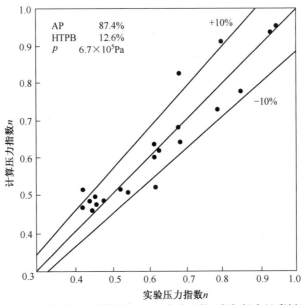

图 3-13　计算压力指数与 Miller 实验比较(彩色版本见彩插)

　　图 3-12 和图 3-14 分别为价电子燃烧模型和 Beckstead 等的燃烧模型理论计算燃速与同一推进剂燃速实验值的比较,由图可以明显地看出,价电子燃烧模型的计算燃速与实验值吻合得更好,精度更高,超出+10%和−10%范围的点少。图 3-13 和图 3-15 分别为价电子燃烧模型和 Beckstead 等的燃烧模型理论计算燃速压力指数与同一推进剂燃速实验压力指数值的比较,由图可以明显地看出,价电子燃烧模型的计算燃速压力指数与实验值吻合得更好,精度更高,超出+10%和−10%范围的点少。

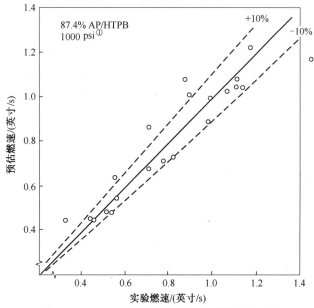

图 3-14　Beckstead 预估燃速与实验燃速的比较

　　表 3-4 中实验所用的配方、实测燃速、压力指数是由 Miller 等的实验结果得到的,计算值是用创建的价电子燃烧模型编程计算的结果, 它们之间误差较小,吻合得较好。由表 3-4 及图 3-12~图 3-15 可以看出,价电子燃烧模型对压力指数的预估和 PEM 方法的预估精度差不多,相对误差小于 10%的都占 81%,但在燃速预估上优于 PEM 方法,相对误差小于 10%的计算结果占 77%,而 PEM 方法只占 62%。价电子燃烧模型有原理正确、数学推导可信、公式精炼、浮动参数少、计算精度较高等特点,与物理化学过程关系密切,能解释许多宏观现象的微观过程。

2. AP 粒径、粒径分布对 AP/HTPB 推进剂燃速、压力指数的影响

　　用价电子燃烧模型和模拟计算方法来研究 AP 粒径、粒径分布对 AP/HTPB

---

①　1psi = 6.8947×10³Pa。

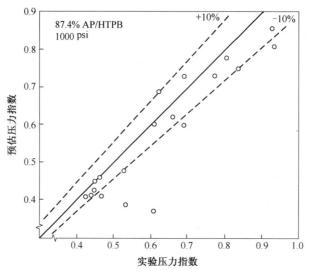

图 3-15 Beckstead 预估压力指数与实验压力指数的比

推进剂燃速、压力指数的影响。

为了研究 AP 粒径、粒径分布对 AP/HTPB 推进剂燃速、压力指数的影响,我们设计了一系列"假想配方"推进剂,用价电子燃烧模型和模拟计算方法进行计算,以双级配中粗细级配比例不同的推进剂配方为主,研究其对燃速的影响,得到如下一些规律:

(1) 细粒子直径越小,组分比例越大,燃速越高,详见图 3-16。

(2) 不同压力下 AP 粒径对燃速的影响。

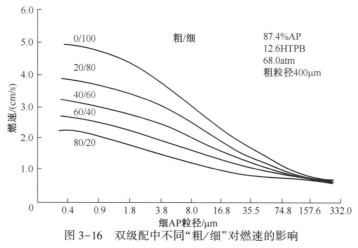

图 3-16 双级配中不同"粗/细"对燃速的影响

AP 单、双级配假想推进剂配方中粒径、级配、压力等因素对推进剂燃速的影响,用图形法形象地展示出来。粒径小、压力大就增加凝聚相反应热,增大

H_{AE}，减小 $L_{混合}$，使燃速大幅上扬，这些结果与 PEM 模型的计算结果基本一致。不同压力下 AP 粒径对燃速的影响，详见图 3-17。

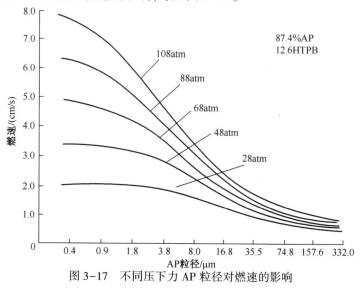

图 3-17　不同压下力 AP 粒径对燃速的影响

（3）二级配中 AP 粒径分布对燃速的影响。

二级配推进剂配方中 AP 粒径分布越宽，燃速越低，即二级配推进剂配方中 AP 粗粒径含量固定，细粒径含量增加 AP 粒径分布越宽，则燃速越低。

3. AP 粒径分布宽度对推进剂燃速、压力指数的影响

通过设计了假想推进剂 AP 为 87.4%，HTPB 为 12.6%，压力固定为 68.0atm 的条件下，研究不同分布宽度的 AP 粒径对推进剂燃速及压力指数的影响，由图 3-18 可以看出：在 68atm 大气压力下单级配 AP 粒径分布宽度（α）

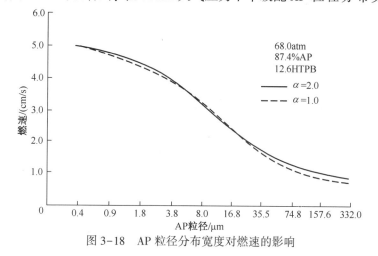

图 3-18　AP 粒径分布宽度对燃速的影响

对燃速几乎没有什么影响；由图 3-18 可以看出，在 68atm 下单级配 AP 粒径分布宽度(α) 对压力指数却有明显的影响。

4. 在双级配中 AP 粒径大小配比对压力指数的影响

在配方同前的假想推进剂中，我们研究了双级配推进剂 AP 粒径大小配比对压力指数的影响规律：在双级配中，如果一级配的平均直径(D)小于 50μm，另一级配的平均直径(D)大于 50μm，则双级配的平均直径(D)相差越大，压力指数越高；如果两个级配的平均直径(D)都大于 50μm，则平均直径(D)越大，压力指数越高，如图 3-19 所示。

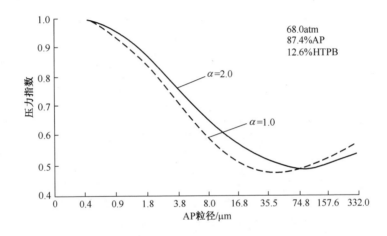

图 3-19　AP 颗粒分布宽度对压力指数的影响

研究可知，AP 颗粒分布近似满足对数正态分布[22]：

$$y = \frac{1}{2 \cdot \pi \cdot \ln a} \cdot \exp\left[-\frac{1}{2}\left(\frac{\ln D - \ln\overline{D}}{\ln a} \right)^2 \right] \tag{3-37}$$

式中：$\overline{D}$ 为重均粒径；α 为分布宽度。α 增大，比 $\overline{D}$ 更大和更小粒径的粒子质量分数都增加。所以在 $\overline{D}<50$μm 时，α 大，压力指数高；而 $\overline{D}>50$μm 时，由于比 $\overline{D}$ 小的粒子是使压力指数降低的，所以又出现 α 大、压力指数低的现象。这也解释了图 3-16 展示的双级配中 AP 粒径大小配比对压力指数影响的原因。

图 3-20 展示了粗/细粒径双级配对压力指数的影响。

5. 用三变量函数法绘制 AP 双级配、粒径、燃烧性能图研究推进剂燃速、压力指数的变化规律

已知在压力、总的 AP 含量等条件不变的情况下，双级配 AP/HTPB 推进剂

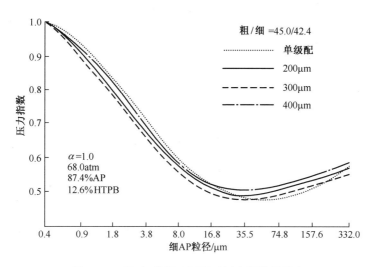

图 3-20　粗/细粒径双级配对压力指数的影响

的燃速 r、压力指数 n 是双级配组分分数 m_1、m_2 和双级配的重均粒径 D_1、D_2 的函数,即

$$r = r(m_1、m_2、D_1、D_2)$$
$$n = n(m_1、m_2、D_1、D_2)$$

要建立一种方法,将上式在二维平面上直观地表示出来,使实验者在事前根据设计的级配组分分数 m_1、m_2 和级配粒径 D_1、D_2,方便地从图上估算出推进剂的燃速和压力指数,见图 3-21 和图 3-22,在图上选择最优的或实验条件允许的 m_1、m_2、D_1、D_2,为配方设计人员提供参考。

使用实例 1:压力为 68atm,AP/HTPB 推进剂中总的 AP 含量为 87.4%,燃速 $r = 9 \sim 10\text{mm/s}$,压力指数 $n = 0.5 \sim 0.51$,现有粒径为 120μm 和 225μm 两种级配的 AP,试用图 3-21、图 3-22,求满足上述要求的双级配组分的质量比,即 $m_1/m_2 = ?$

解:先从图 3-21 中找到 $D_2 = 120$μm 的平行四边形,再通过 $D_1 = 225$μm 做平行四边形邻边的平行线 AB,AB 线上任一点的 m_1/m_2 都能满足燃速 $r = 9 \sim 10\text{mm/s}$ 的要求;再从图 3-22 中相应的平行四边形中确定 $n = 0.5 \sim 0.51$ 的范围,对应到图 3-21 上,就是 OB 间的任一点的 m_1/m_2,都能满足 $n = 0.5 \sim 0.51$ 的要求。于是 OB 线的中点的 m_1/m_2 就可作为实例 1 的解,即 $m_1/m_2 = 0.25/0.624$,也就是说,在推进剂中重均粒径为 225μm 的 AP 占 25%,重均粒径为 120μm 的 AP 占 62.4%。以上两图,形象地展示了 AP 粒径级配、粒径、燃速或压力指数的关系。

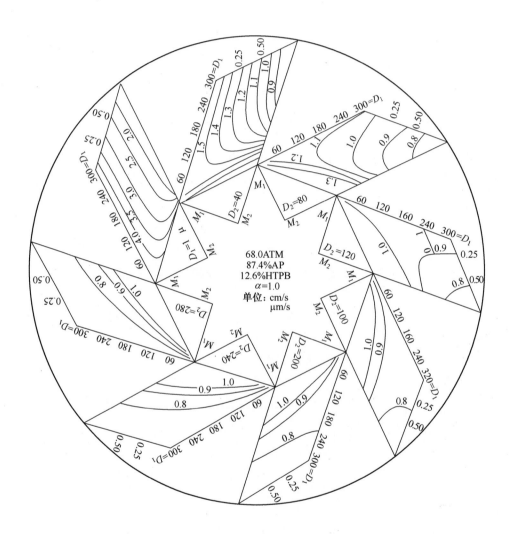

图 3-21　AP 双级配比例、粒径、燃速图

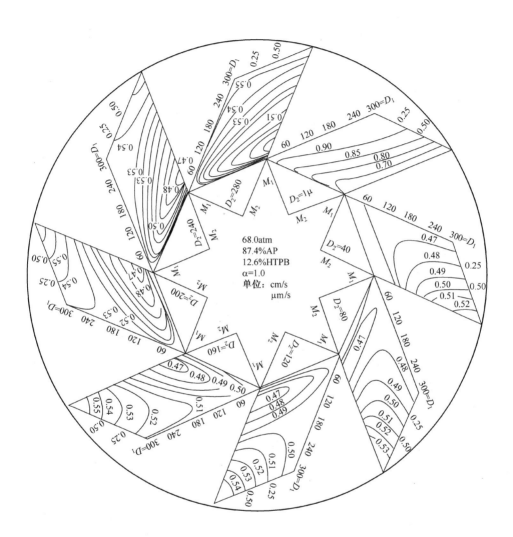

图 3-22　AP 双级配比例、粒径、压力指数图

3.4　含 Al 复合固体推进剂的燃烧模型

在含 Al 复合固体推进剂中，Al 粉和端羟聚丁二烯黏合剂在凝聚相基本发

生化学反应。因此,Al 粉的加入并不显著地改变 AP/HTPB 体系的凝聚相反应规律,故对 Al+AP/HTPB 推进剂的燃烧模型,原则上可以 AP/HTPB 推进剂的燃烧模型为基础,同时体现 Al 的作用和行为。

3.4.1 Al 在推进剂燃烧过程中的作用

Al 的熔点为 932K,气化温度在 2723K,密度为 $2.7\mathrm{g \cdot cm^{-3}}$。在一般推进剂的燃面温度下,Al 粒子既不会融化,也不会气化;再加上它的密度大,当周围的 HTPB 分解气化后,留下的 Al 粒子可能彼此凝结在一起,形成凝团。凝团的温度随着它在燃面上停留的时间增长越来越高,使 Al 凝团"点火"燃烧,同时进入气相。这一点在文献[5]中的高速摄影照片上看得很清楚。由于 Al 凝团和 AP 粒子接触后猛烈燃烧,使 AP 迅速分解,以致在这种情况下终止燃烧后的燃面上,AP 粒子大多凹进燃面,Al 凝团点火燃烧后,由于凝团表面和中心的温度严重不平衡,以及表面张力的作用,Al 凝团会发生爆破,向四周散射。这一点从图 3-23 火焰结构图上看得很清楚。

图 3-23　含 Al 推进剂的火焰结构

此推进剂配方为:HTPB 固化体系为 14.0%, AP 为 72.24%, Al 粉为 13.76%,其火焰温度在 3000K 以上,Al 凝团进入气相反应的同时又发生气化,故此时的气相反应包括非均相反应,是很复杂的。

3.4.2 含 Al 推进剂的燃烧模型

如前所述,Al+AP/HTPB 推进剂的燃烧模型,原则上可以 AP/HTPB 的模拟方法为基础,只要根据 Al 的作用规律稍加修正即可。

(1) 由于 Al 凝团的形成,使 HTPB 的分解受到阻碍。Al 凝团并不改变 HTPB 的分解历程(不影响活化能);Al 凝团"压"在 HTPB 面上,使 HTPB 分解反应的指前因子减小。因此,在式(3-20)右端乘上一个系数:$0.1/(0.1 + B_{M3})$。即

$$r = 0.1/(0.1 + B_{M3}) \cdot B_5 \cdot \exp[-E_H/(R \cdot T_S)] \tag{3-38}$$

式中:B_{M3} 为 Al 粉的质量分数。

(2) 固态 Al 的 $C_p = 0.1828 + 0.1086 \times 10^{-3} \times T$(单位为 cal/(g·K))

燃面上 Al 粒的温度为 $T_p(T_p > T_S)$。所以从 T_0 到 T_p 的固态铝平均热容为

$$C_{S2} = [1/(T_p - T_0)]$$
$$= B_{M3} \cdot [0.1828 + (T_p + T_0) \cdot 0.543 \times 10^{-4}] \tag{3-39}$$

式(3-19)应改为

$$r \cdot \rho \cdot [C_S(T_S - T_0) + C_{S2} \cdot (T_p - T_0)] = Q_{OX} + E_S + r \cdot \rho \cdot Q_{BX} \tag{3-40}$$

T_p 的大小与众多的因素有关。根据表 3-5 揭示的规律、仿照式(3-24)的构造方法,得

$$H_{ES} = \exp\left[-\frac{B_9 \cdot \sqrt{T_S \cdot P\Phi}}{S_{DS}(B_{M2} + B_{M3}) \cdot r}\right] \tag{3-41}$$

式中:S_{DS} 为铝粒子的重均粒径(cm);B_9 为经验常数。

$$T_p = T_S + (2723 - T_S) \cdot H_{ES}$$

H_{ES} 的物理意义是:凝团 Al 占所有 Al 含量的质量分数。

(3) 凝聚成团的那部分 Al($B_{M3} \cdot H_{ES}$)在周围的 HTPB 分解之后落在 AP 粒子上。由于凝团 Al 的温度高($T_p > T_S$),使 AP 剧烈分解——几乎是按照前面讲的历程 Ⅱ 分解,所需热量几乎全部由 AP 分解气体与 Al 的放热反应提供。因此这部分 AP 和凝团 Al 之间构成一个能量平衡子系统,不参与燃面上的能量平衡。假定 Al 和 AP 反应后生成 Al_2O_3,即

$$2Al + NH_4ClO_4 \longrightarrow Al_2O_3$$

按照这个反应,2.18g NH_4ClO_4 可以和 1.0g Al 反应。因此,按通常机理,在燃面上分解、参与燃面能量平衡的 AP 分数应为

$$B_{P4} = \frac{B_{M1} \cdot (1.0 - H_{AE}) - 2.18 \cdot H_{ES}}{B_{M1}(1.0 - H_{AE})}$$

于是,式(3-25)变为

$$Q_{BG} = B_{M1}[H_{AE} \cdot E_{TS}] + B_{P4} \cdot (1.0 - H_{AE} \cdot Q_{BG})] + B_{M2} \cdot E_{TH}$$

$$(3-42)$$

(4) 式(3-27)等也要作相应的改变:

$$P_{OH} = \frac{B_{M1} \cdot (1.0 - H_{AE}) + B_{M2} + B_{M3}}{\dfrac{B_{M1}(1.0 - H_{AE})}{\rho_{OX}} + \dfrac{B_{M2}}{\rho_H} + \dfrac{B_{M3}}{\rho_{Al}}} \qquad (3-43)$$

$$S_{AP} = \frac{\rho_{OH} \cdot B_{M1} \cdot (1.0 - H_{AE})}{\rho_{OX}[(B_{M1}(1.0 - H_{AE}) + B_{M2} + B_{M3}]} \qquad (3-44)$$

$$S_Z = 1.0 - S_{AP} \cdot B_{P4}$$

式中:B_{M3} 为 Al 含量;ρ_{OH} 为推进剂在燃面处的实际密度;ρ_{Al} 为 Al 的密度;S_{AP} 为 AP 所占的燃面分数;S_Z 为 HTPB 所占的燃面分数。

(5) 终焰反应。由于 Al 的加入,使气相反应由纯均相反应为含有非均相反应的复杂过程。这主要表现为使气相反应的指前因子减小,反应速度减小。因此需要在式(3-34)前乘上一个与 B_{M3} 有关的系数。即

$$\frac{dT}{dy} = \left(\frac{0.05}{0.05 + B_{M3}}\right) \cdot B_8 \cdot \frac{\sqrt{T}}{C_S \cdot r \cdot \rho}\left(\frac{\rho}{T}\right)^{n+1} \cdot \exp\left(-\frac{E}{R \cdot T}\right) \cdot \left\{\exp\left[\frac{C_P(T_F - T)}{R \cdot T}\right] - 1.0\right\}$$

$$(3-45)$$

式中:n 为反应级数($1.0 + \Phi$);ρ 为固体推进剂密度。

通过以上 5 点修正,就可以模拟计算 Al+AP/HTPB 推进剂的燃速、压力指数等参数,并通过计算研究揭示更多的规律,解释已有的实验现象。文献[22]中列出了 Al 的燃烧行为随条件变化的情况,我们的实验观察也得到类似情况,见表3-5。

3.4.3 含 Al 复合推进剂燃速计算与实验结果的对比

真实复合固体推进剂一般都含有 Al 粉,加入 Al 粉不但能提高能量还起到稳定燃烧的作用,常用的 Al 粉含量为 10%~20%,许多火箭或导弹所用复合固体推进剂中 Al 粉含量多为 16%~18%。

表 3-5　Al 的燃烧行为随条件的变化

现象＼变量	Al 在燃面的凝聚程度	凝聚及吸附在燃面的情况	凝团的点火	凝团的大小	推进剂燃速	燃面附近的亮度	其他
Al 含量增加	增加	从终止燃烧电镜照片上看没有影响,但振荡燃烧凝结的 Al 增加	更多的凝团在燃面上点火,在燃面上停留时间更长	变大	Al 含量在 15%~20% 时出现峰值	同左	留在燃面燃烧的 Al 增加
压力增加	减少,但在 68~102atm 中变化不明显	低压下黏附在燃面上目发红光,压力升高,影响消失	没有明显变化,大部分在燃面上点火	减少,但在 68~102atm 中变化不明显	增加	增加	没有燃烧的 Al 减少,但不是很明显
Al 粒径增大	增加	停留,黏附在燃面上的时间增长	大部分在燃面上点火,气相也有	变大	减少	减少	燃面没有燃烧的 Al 增加
加入细 AP 粒子	增加	不能很好地被检测	没有明显差异,Al 凝团从各个方向喷出	变大	减少	减少	燃面没有燃烧的 Al 减少

3.5 推进剂计算燃速与实验值的对比

3.5.1 复合固体推进剂燃速计算与实验值的比较

实验所用的配方:HTPB(含固化体系)为 14%;AP 为 67.08%~77.4%;Al 为 8.60%~18.92%。

由表 3-6 可以看出:用价电子燃烧模型编程计算,求得的燃速的计算值与实验结果吻合得较好,燃速计算值与实验结果的比较,高于文献[23]的结果。

表 3-6 J 羟推进剂燃速计算值与实验结果比较

压力/atm	编号 燃速/(cm/s)	7-1-10 燃速	相对误差	7-1-13 燃速	相对误差	7-1-16 燃速	相对误差	7-1-19 燃速	相对误差	7-1-22 燃速	相对误差
90	计标	0.817	-2.50%	0.821	—	0.809	0.40%	0.78	—	0.732	-2.80%
90	实验	0.838	—	—	—	0.806	—	—	—	0.753	—
80	计标	0.755	-1.00%	0.76	3.10%	0.752	1.60%	0.728	2.20%	0.687	-1.20%
80	实验	0.763	—	0.737	—	0.74	—	0.712	—	0.695	—
70	计标	0.695	-0.60%	0.702	2.90%	0.698	11.10%	0.678	-0.40%	0.643	1.90%
70	实验	0.699	—	0.682	—	0.628	—	0.681	—	0.631	—
60	计标	0.637	-2.40%	0.647	-3.60%	0.646	5.00%	0.631	0.20%	0.601	2.60%
60	实验	0.653	—	0.671	—	0.615	—	0.63	—	0.586	—
50	计标	0.583	1.00%	0.595	—	0.596	3.60%	0.585	—	0.56	1.30%
50	实验	0.577	—	—	—	0.575	—	—	—	0.553	—
压力指数	计标	0.574	-6.50%	0.547	—	0.518	-11.00%	0.488	—	0.456	14.10%
压力指数	实验	0.614	—	—	—	0.582	—	—	—	0.631	—

表 3-7 列出了复合固体推进剂主要组分含量、级配、粒径等在不同压力下对燃速、压力指数等的影响。

表 3-7　燃速、压力指数计算与实验值的比较

编号			1	2	3	4	5	6	7
压力/(kg/cm²)			40	60	60	60	60	60	60
级配数			3	4	4	4	4	4	4
Al		重均粒径/μm	15.3	16.3	16.3	16.3	16.3	16.3	16.3
		质量分数	0.1672	0.1847	0.1847	0.1847	0.1847	0.1847	0.1847
AP	1	重均粒径/μm	—	335.0	335.0	335.0	335.0	340.0	340.0
		质量分数		0.0902	0.089	0.0913	0.0868	0.078	0.0964
	2	重均粒径/μm	248.0	242.0	242.0	242.0	242.0	243.0	243.0
		质量分数	0.1760	0.3605	0.3559	0.3653	0.3470	0.3119	0.3855
	3	重均粒径/μm	123.0	138.0	138.0	138.0	138.0	140.0	140.0
		质量分数	0.3540	0.1802	0.1779	0.1826	0.1734	0.1559	0.1928
	4	重均粒径/μm	10.25	7.6	7.6	7.6	7.6	7.6	7.6
		质量分数	0.1770	0.0631	0.0712	0.0548	0.0868	0.1481	0.0193
燃速/(cm/s)		计算	0.6687	0.7415	0.7461	0.7365	0.7547	0.7817	0.712
		实验	0.6890	0.7051	0.7073	0.7023	0.7364	0.7880	0.6980
		相对误差	-2.90%	5.20%	5.50%	4.90%	2.50%	-0.80%	2.00%
压力指数		计算	0.3636	0.4483	0.4514	0.4439	0.4597	0.4832	0.4223
		实验	—	0.4561	0.4730	0.4753		0.4610	0.4450
		相对误差	—	-1.70%	-4.40%	-6.60%		4.80%	-5.00%

由表 3-7 可以看出:用价电子燃烧模型编程计算,求得的燃速、压力指数的计算值与实验结果吻合得较好,相对误差小于 10%,精度高于文献[23]的结果。

3.5.2　Al 含量、粒径与推进剂燃速、压力指数的关系

通过计算绘制出复合固体推进剂中 Al 含量、粒径与推进剂燃速、压力指数的关系图,如图 3-24 和图 3-25 所示。由图 3-24、图 3-25 可清楚地看出 Al 含量、粒径、级配(粗细比)等对燃速、压力指数的影响。

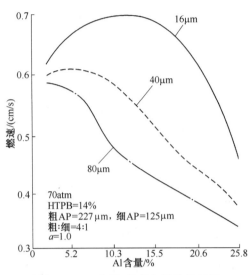

图 3-24　Al 含量、粒径与燃速关系图

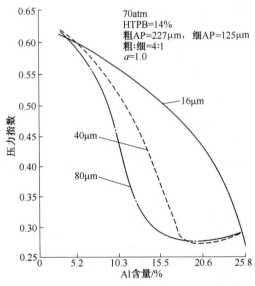

图 3-25　Al 含量、粒径与压力指数关系图

3.5.3　Al 含量对燃烧性能参数的影响

通过计算求得 Al 含量对火焰温度、燃面温度、压力指数、燃速、反应级数影响的关系,列于表3-8。

表 3-8　Al 含量对火焰温度、燃面温度、压力指数、燃速、反应级数的影响

配方/%			火焰温度/K					燃面温度/K					线性燃速/(cm/s)					压力指数	反应级数
AP	HTPB	Al	90	80	70	60	50	90	80	70	60	50	90	80	70	60	50		
83.4	14.0	2.6	3090.4	3086.2	3081.1	3075.1	3067.5	795.7	790.0	784.0	777.6	771.1	0.786	0.708	0.648	0.590	0.534	0.619	1.733
80.8	14.0	5.2	3169.8	3165.1	3159.6	3153.1	3144.8	811.4	805.5	799.3	792.9	786.4	0.795	0.732	0.671	0.613	0.557	0.605	1.695
78.3	14.0	7.7	3245.1	3240.0	3234.1	3226.9	3217.8	824.8	818.8	812.6	806.3	799.8	0.813	0.751	0.690	0.632	0.578	0.582	1.658
75.7	14.0	10.3	3315.1	3309.6	3303.2	3295.3	3285.5	835.8	829.9	823.8	817.6	811.3	0.821	0.760	0.701	0.645	0.592	0.556	1.623
73.1	14.0	12.9	3377.1	3371.3	3364.3	3356.0	3345.5	844.5	838.7	832.8	826.8	820.7	0.815	0.756	0.700	0.647	0.597	0.528	1.589
70.5	14.0	15.5	3427.2	3421.2	3413.9	3405.2	3394.5	850.7	845.1	839.5	833.7	827.9	0.791	0.738	0.687	0.638	0.590	0.498	1.557
67.9	14.0	18.1	3459.6	3453.4	3446.0	3437.2	3426.1	854.1	848.9	843.5	838.1	832.6	0.751	0.703	0.656	0.613	0.570	0.467	1.526
65.4	14.0	20.6	3467.7	3461.4	3453.5	3444.3	3432.9	854.3	849.5	844.5	839.5	834.3	0.689	0.648	0.609	0.571	0.534	0.432	1.496
62.8	14.0	23.2	3443.0	3436.3	3428.5	3418.6	3406.8	850.0	845.9	841.6	837.2	832.5	0.602	0.571	0.541	0.511	0.481	0.380	1.465
60.2	14.0	25.8	3472.5	3365.6	3357.5	3348.2	3336.8	839.0	836.5	833.8	830.7	827.0	0.485	0.470	0.454	0.436	0.416	0.265	1.440
57.6	14.0	28.4	3228.1	3222.4	3216.0	3208.2	3198.6	832.1	829.7	827.1	824.0	820.5	0.414	0.402	0.388	0.372	0.355	0.263	1.414
55.0	14.0	31.0	2972.3	2968.9	2965.2	2960.4	2954.6	819.7	817.2	814.5	811.4	807.7	0.329	0.318	0.307	0.294	0.279	0.278	1.388
52.5	14.0	33.5	2677.5	2675.9	2674.0	2671.9	2669.2	799.9	797.8	795.3	792.5	789.2	0.236	0.228	0.221	0.212	0.202	0.261	1.363
49.9	14.0	36.1	2542.7	2541.7	2540.4	2538.9	2537.0	783.8	782.1	780.2	778.0	775.4	0.176	0.172	0.167	0.162	0.155	0.213	1.339

Al含量对推进剂燃烧温度、燃速、压力指数等参数的关系见图3-26。

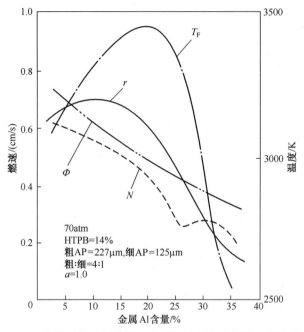

图3-26 Al含量对推进剂燃烧温度、燃速、压力指数等参数的关系图

3.5.4 Al/AP/HTPB 推进剂的模型计算

在 Al/AP/HTPB 推进剂中,Al 粉就像 HTPB 一样不能爆燃,也不能和 HTPB 在凝聚相发生化学反应。因此 Al 粉的加入并不显著地改变 AP/HTPB 体系的凝聚相反应规律,故对 Al/AP/HTPB 推进剂的燃烧模型,可以 AP/HTPB 推进剂的燃烧模型为基础,对价电子燃烧模型稍加修正,可用于含 Al 推进剂的模拟计算,计算结果中相对误差小于 10%的占 70%以上。

用此模型对 12 种多级配推进剂配方进行了模拟计算,其结果表明:氧化剂的粒径、级配及各种催化剂含量对推进剂燃速及压力指数计算的相对误差都在 10%以内。文献[12]报导的用 Glick-Condon 统计模型的计算结果,相对误差小于 10%的只占 33%,相比之下,我们的模拟计算要精确得多。

总之,价电子燃烧模型计算的特点是:待定参数较少,适用范围大,计算精度高,能揭示出推进剂的燃烧规律,可用于燃烧性能的定量预估。本模型对凝聚相反应做了更细微的分析,提出了一个复合固体推进剂的综合燃烧模型和相应的数学处理方法,特别重视和强调了各种热量传递对燃烧所起的作用,提出了一些新的观点和方法：

（1）AP 在亚燃面层中就开始分解，并和 HTPB 发生非均相反应。

（2）AP 预混火焰在燃面附近呈圆台形向四周扩展，这个扩展对扩散混合过程有很大作用。

（3）热量传递在推进剂燃烧中起重要作用。燃面的 AP 部分主要接受 AP 火焰的热传导，黏合剂部分接受终焰的热传导，整个燃面接受终焰的辐射传热。

（4）整个推进剂的线性燃速应以处于连续相的惰性黏合剂的线性分解速度表示；并以推进剂中处于连续相的黏合剂线性分解速度表示推进剂的线性燃速，这与许多学者认为由 AP 来表征（控制）复合推进剂线性燃速的观点有很大差异。

按此模型编制程序并进行了大量计算。计算结果与实验符合得很好。在 AP/HTPB 多级配推进剂和对 Al/AP/HTPB 推进剂计算结果中，相对误差小于 10%~15% 的占 80% 以上。

参 考 文 献

[1]　赵银,田德余,江瑜. 高氯酸铵(AP)爆燃模拟[J]. 国防大学学报,1988,10(3):39-37.

[2]　赵银,田德余,江瑜. AP/HTPB/Al/催化剂推进剂燃烧模拟计算方法[J]. 推进技术,1990(1):54-61.

[3]　赵银,田德余,江瑜. 含铝固体推进剂燃烧模拟计算[J]. 航空动力学报,1987,2(2):147-152.

[4]　田德余,赵银. 丁羟推进剂燃烧模拟计算及图像表示法[J]. 兵工学报,1990(3):36-41.

[5]　赵银. 复合固体推进剂的燃烧模拟计算研究[D]. 长沙:国防科技大学,1985.

[6]　曾永记. NEPE 推进剂燃速模拟计算研究[D]. 深圳:深圳大学,2001.

[7]　田德余,张炜. 推进剂燃速预估[J]. 推进技术,1991(2):78-82.

[8]　田德余,刘剑洪. 化学推进剂能量学[M]. 郑州:河南科技出版社,1999.

[9]　张炜,朱慧. 固体推进剂性能计算原理[M]. 长沙:国防科技大学出版社,1996.

[10]　Mazda A M,Warren C S. Burning Rate Prediction of Composite Solid Propellants Using Fractal Geometry [J]. Combust. Sci. and Tech,1992,83:291-304.

[11]　张奇,等. 固液组分与混合燃料细观尺度的相关性[J]. 火炸药学报,2000, 23(1):52-53.

[12]　Cohen N S. Review of Composite Propellant Burn Rate Modeling [J]. AIAA Journal,1980,18(3):277-293.

[13]　Miller R R,Donohue M T,Peterson J P. Ammonium/Perchlorate Size Effects on Burn Rate—Possible Modification by Binder Type[C]. [S. l.]: Proceedings of 12th JANNAF Combustion Meeting,CPIA Publication 273,1975.

[14]　Miller R R,Donohue M T,Yount R A,et al. Control of Solids Distribution in HTPB Propellants [C]. Cumberland:AFRPL-TR-78-14,Hercules Inc.,Allegheny Ballistics Laboratory,1978.

[15]　Beckstead M W,Mc Carty K P. Calculated Combustion Characteristics of Nitramine Monopropellants[C].

[S. l.]:Proceedings of 13th JANNAF Combustion Meeting,CPIA Publication 281,1976.

[16] Fenn J B. A Phalanx Flame Model for the Combustion of Composite Solid Propellants[J]. Combustion and Flame,1968,12(3):201-216.

[17] Boggs T L,Derr R L,Beckstead M W. The Surface Structure of Ammonium Perchlorate Composite Propellants[J]. AIAA Journal,1970,8(2):370-372.

[18] Boggs T L. Deflagration rate Surface structure,and Subsurface profile of self-delflagrating single crgstals of ammonium perchlorate[J]. AIAA Journal,1970,8(5):867-873.

[19] 田德余,等. 化学推进剂计算能量学[M]. 郑州:河南科学技术出版社,1999.

[20] Beckstead M W,Derr R L, Priee D F. A Model of Composite Soilid Propellant Combustion Based on Multiple Flames[J]. AIAA Journal,1970,8(12),2200 - 2207.

[21] A. II. 格拉兹阔娃. 爆炸物燃烧的催化作用[M]. 马庆云,译. 北京:国防工业出版社,1982.

[22] 《无机化学》编写组. 无机化学(下册)[M]. 北京:人民教育出版社,1978.

[23] Cohen N S. Review of composite Propellant burn rate modeling[J]. AIAA Journal,1980,18(3):277-293.

第4章 分形理论、分形维数及其表征方法

4.1 分形理论、分形维数的概述

前面对复合推进剂燃速模拟计算研究时,做了一些简化计算,对推进剂中的固体添加物,如 AP、RDX、Al 等都假设为球形。实际上这些固体添加物都不完全是球形,为此需要进行适当的修正。随着科学技术的发展,引用分形理论可圆满地解决这些问题。

4.1.1 分形理论的概述

分形是没有特征长度,但具有一定意义下的自相似图形和结构的总称。Mandelbrot[1-2] 最先引入分形一词,意为破碎的、不规则的,并建议将分形定义为整体与局部在某种意义下的对称性集合,或者具有某种意义下的自相似的集合。

分形理论的基本观点是:维数的变化可以是连续的,处理的对象总是具有非均匀性与自相似性的。自相似性就是指局部是整体成比例缩小的性质,形象地说,就是当用不同倍数的照相机拍摄研究对象时,无论放大镜如何改变,看到的照片都是相似的(统计意义),而从照片上是无法判定所用的照相机的倍数的,即标度的不变性或全息性。自仿射性是指把考察对象的一部分沿各个方向以不同的比例放大后,其形态与整体相同或相似,而分形结构的本质特性是相似性。分形体之间的差别在于标度的不同,而形状在不同尺度上是相同的。即具有以下几个特征:

(1)分形既可以是几何实体,也可以是有"功能"或"信息"等架起的数学模型。

(2)分形可以是同时具有形态、功能和信息三方面的自相似性,也可以只具有其中某一方面的自相似性,这样就使分形理论研究的领域大大拓宽。

(3)分形中的自相似性可以是绝对的相同,也可以是统计意义上的相似,自然界中前者极少,后者则相当多。

(4)分形的相似性有层次上的差别,数学上的分形具有无限嵌套的层次结构,自然界中的分形只有有限的层次嵌套,且要进入一定的层次后才可以有分形

的规律。

（5）分形的相似性有级别上的差异，而级别是指使用生成元的次数或放大的倍数。级别最高的是整体，级别最低的是零级生成元。级别越接近，则越相似，级别相差越大，相似性越差，有时甚至根本不相似，这就涉及标度区间或标度不变性范围。

分形理论具有极强的应用性，现已成为当今世界上许多学科的前沿研究课题之一，目前已广泛应用于地震、医学、化学、音乐、交通、通信、材料、机械、地理、图像处理、农业等诸多领域。分形几何研究的图形比欧氏几何研究的图形更复杂，或者说更为真实。它的重要特征是没有特征长度，构成其形状的线或面不是光滑的。例如，云团不是球形的，山脉不是圆锥的，海岸线不是圆弧的，树皮也不是光滑的，甚至闪电也不是沿直线划过天空的。这些不规则的几何形体虽难以用经典几何中的直线、光滑曲线、光滑曲面来描述，但却具有"较好"的性质。

任意复杂和粗糙的形态都有自相似性（Self-similarity），所谓自相似，是指事物的组成部分与整体以某种方式相似。自相似分为两类：一类是数学上严格的自相似，即分形体的任一部分与整体以一定比例相似，任意小的部分经适当放大后都与整体相重合，任意小的部分都包含了整体的全部信息，或者反过来说，把整体缩小适当倍数可与部分相重合；另一类是现实中实际存在的自相似。其特点是只在一定尺度范围内存在自相似或统计自相似的层次嵌套结构，如河流水系网、地球表面、海岸线、树的形状及粒子的布朗运动轨迹等。

分形维数（Fractional Dimension）是描述几何结构的最基本的数学概念之一。物体占有空间是物体存在的最基本的表现，维数就成为描述物体存在状态的最重要的数量指标之一。它在一定程度上反映了物体存在状态的复杂程度，维数越高，其位置所需独立坐标的个数越多，说明该物体存在方式越复杂。

在欧氏空间中，点对应零维，线、面、球分别对应一、二、三维，还可引入更高维的空间，但都是整数维。当我们测量几何图形的长度与面积时，分别用单位长线段与单位面积的正方形来度量，而线段与正方形的维数分别为 1 与 2。若用线段来测量正方形，其结果为无穷，说明所用的尺度太"细"；反之，若用正方形为尺度来度量线段，所得的结果为零，说明所用的尺度太"粗"。因此在测量集合时，只有用与其本身维数相同的尺度去测量时才能得到有限值的结果。

由于分形集的复杂性，对不同的测量对象需用不同的测量方法。常见的有相似性维数、容量维数、Hausdorff 维数、信息维数、谱维数、拓扑维数、盒维数等。

4.1.2　分形维数的概述

分形最重要的表征便是其维数[4-11],分形维数又叫分维,是定量刻画分形特征的参数。在一般情况下是一个分数(可以是整数,也可以是非整数),它表征了分形体的复杂程度,分形维数越大,其客观体就越复杂。经典维数是我们所熟悉的,即为确定物体或几何图形中任意一点位置所需要的独立坐标数,它必须是整数(点对应零维,线、面、球分别对应一、二、三维)。分形维数的定义对有些对象适用,但是对另一些就可能完全不适用,因而往往笼统地把取非整数值的维数统称为分形维数。

4.2　分形维数的测定方法

对于无规则的分形,其自相似性是通过大量的统计抽象出来的,但它们的自相似性只存在于所谓的“无标度区间”之内。因此其分形维数的计算要比有规则分形维数的计算复杂得多。目前还没有适合计算各类无规则分形的分形维数的方法。实际测定分形维数的方法有多种,分形维数的测定主要是通过实验的方法对分形图形或分形现象进行测度。根据测定对象的不同和采用的手段不同,常用测定分形维数的方法有以下几种。

4.2.1　改变观察尺度求维数

该方法是用圆、球、线段、正方形、立方体等具有特征长度的基本图形去近似分形图形。设 ε 是基本图形的基准量,用 ε 去近似分形图形,测得总数记为 $N(\varepsilon)$。当 ε 取不同值时,可测得不同的 $N(\varepsilon)$ 值,当 $N(\varepsilon) \propto \varepsilon^{-D}$ 关系满足时,做出 $\ln N(\varepsilon) \sim \ln\varepsilon$ 双对数图,用最小二乘法拟合直线,该直线的斜率 D 便是所测图形的分维数。用此方法可求复杂形状海岸线的维数、复杂工程或三维图形的分形维数等[2]。

4.2.2　粗糙曲线的圆规维

图 4-1 是一段粗糙曲线(例如曲折的海岸线)。如图 4-1 所示,用半径尺寸为 1 的圆规从一端开始作圆弧和海岸线相交,其交点为下一个圆弧的中心,图上画出了 4 个相继的圆弧和曲线相交后的各段长为 1 的折线。这样得到的海岸线的总长度为 N(用长度为 1 的尺去丈量,得到 N),减小尺寸为 ε($\varepsilon < 1$)后丈量,得到更大的 $N(\varepsilon)$,ε 越小、N 越大。如果制作 $\ln N \sim \ln\varepsilon$ 图后得到斜率为负的直

线,这表明存在幂函数关系:$N \sim \varepsilon^{-D}$。这里的 D 就是海岸线的分维($1 \sim 2$),海岸线越曲折,D 比 1 大得越多。

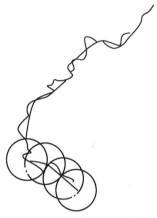

图 4-1 用折线近似海岸线

4.2.3 盒维数法

将尺寸分别为 $\varepsilon = 1/4$ 和 $1/8$ 的网络覆盖在分形图形上,计数网络中有图形像素(不管是许多像素还是很少像素)的方格数目,将一系列 $N(\varepsilon)$、ε 数据做 $\ln N(\varepsilon) \sim \ln(1/\varepsilon)$ 图,如能得到一条直线,说明 $N(\varepsilon)$ 和 ε 满足关系:$N(\varepsilon) \sim (1/\varepsilon)^D$,直线的斜率 D 是图形的分维。盒维数法也适用于一维和三维的不规则分形。对一维空间中的分形(如 Cantor 集),用等分的直线段测量;对三维空间中的分形,用等分成小立方体的网格进行测量。

4.2.4 变换法

将 $S(R)$ 除以 R^2 得到 $N(R) = S(R)/R^2$,作 $\ln N(R) \sim \ln(1/R)$ 曲线,取其中线性部分的斜率为分形维数 D,因为在线性范围内存在 $N(R) \sim R^{-D}$ 的关系。这里的 $N(R)$ 实际上就是覆盖一部分粗糙曲线所需的面积,为 R^2 的盒子数,不过它一般不是整数。也可以直接做 $\ln S(R) \sim \ln R$ 曲线,其中线性部分的斜率为 $2-D$,并由此斜率得到分维 D。

4.2.5 Sandbox 法

将一系列尺寸 $r(>1)$ 不断增大的方框(也可以是圆)覆盖到分形图形(如 DLA 图形)上,计数不同方框(或圆)中像素数 N(即以像素为测量单位),在 $\ln N \sim \ln r$ 图上如有直线部分,则在此范围内存在:$N \sim r^D$,直线部分的斜率即分

形维数 D。Sandbox 法也可以应用于一维和三维空间或更高维空间的分形。

4.2.6 面积–回转半径法

用通常的图像处理软件把各个分形(团簇)的面积和回转半径 R_g 一一计算出来,做 $\ln N \sim \ln R_g$ 图,如有直线部分,此部分的斜率就是分维 D,即此时存在 $N \sim R_g^D$ 的关系。显然,$D < 2$,因为图形中包含了许多空隙。

4.2.7 面积–周长法

设 C 是封闭的分形曲线,则由分形几何的理论[3],有

$$L_H^{1/D} = a_0 A^{1/2} \tag{4-1}$$

式中: L_H 为 C 的 Hausdorff 长度; A 为 C 所包围的欧氏面积; D 表示 C 的分形维数; a_0 为无量纲常数,称为形状因子。由 $L_E = L_H \delta^{1-D}$,有

$$L_E^{1/D} = L_H^{1/D} \delta^{\frac{1-D}{D}} = a_0 A^{1/2} \delta^{\frac{1-D}{D}} \tag{4-2}$$

即有

$$\left(\frac{L_E}{\delta}\right)^{1/D} = a_0 \left(\frac{A^{1/2}}{\delta}\right) \tag{4-3}$$

式中: L_E 为 C 的欧氏长度。对式(4-1)两边取对数,再取极限有

$$D = \lim_{\delta \to 0} \frac{\ln\left(\dfrac{L_E}{\delta}\right)}{\ln a_0 + \ln\left(\dfrac{A^{1/2}}{\delta}\right)} \tag{4-4}$$

对于给定的几何图形, a_0 和 D 是常数,所以在不同的尺度 δ_i ($i=1,2,\cdots,n$) 下,测量分形曲线 C 得 n 个周长值 L_{Ei} 和 n 个面积值 A_i,在双对数坐标系中,对数据 ($\ln\left(\dfrac{A_i^{1/2}}{\delta_i}\right)$, $\ln\left(\dfrac{L_{Ei}}{\delta_i}\right)$)作线性回归即可得 D。

4.2.8 用相关函数求维数

用基本的统计量之一的相关函数来求分形维数。根据密度–密度相关函数的定义:

$$C(\mathbf{R}) = \langle \rho(r)\rho(r+\mathbf{R}) \rangle \tag{4-5}$$

式中: r, $\mathbf{R}$ 为矢量; $\rho(r)$ 为 r 处的密度; $\langle\ \rangle$ 表示对 r 求积分或平均。对任一分形分布规定[4],有图形点处,密度 $\rho(r) = 1$,否则 $\rho(r) = 0$。可以证明,当 $|\mathbf{R}|$ 小于分形结构所分布的空间尺寸时,有下式成立:

$$C(\boldsymbol{R}) \propto \boldsymbol{R}^{-(d-D)}$$

式中:D 为分形结构的分维数;d 为该结构所在空间的欧氏维数。于是,通过测量不同 $|\boldsymbol{R}|$ 时的 $C(\boldsymbol{R})$,并做 $\ln C(\boldsymbol{R}) \sim \ln \boldsymbol{R}$ 对数图,从所得直线的斜率即可求得分形结构的分形维数。

4.2.9 用分布函数求维数

通过观察某个对象的分布函数来求维数。设 r 是观测尺度,$P(r)$ 是大于(或小于)r 的观测对象的存在概率。若观测对象的分布密度记为 $P(s)$,则有

$$P(r) = \int_r^\infty P(s)\,\mathrm{d}s \tag{4-6}$$

若考虑变换比例尺 $r \to \lambda r$,而分布类型不变,则有对任意 $\lambda > 0, P(r) \propto P(\lambda r)$ 成立。能满足该式的函数类型只限于幂型,即 $P(r) \propto r^{-D}$,这个 D 就是所求的分形维数。

D 的计算式为

$$D = \frac{\ln P(r)}{\ln(1/r)} \tag{4-7}$$

4.2.10 用频谱求维数

通过观测随机变量的频谱来求维数。从频谱观点来看,改变观察尺度就是改变截止频率 f_e,即更细小的振动成分舍去的界限频率,如果某个变动是分形,那么即使变换截止频率 f_e 也不会改变频谱的形状,即变换观测尺度,其波谱形状也不会改变。具有这种性质的频谱 $S(f)$ 只限于幂型:$S(f) \propto f^{-\beta}$,其中 β 与分形维数的关系为:$\beta = c - aD$,c 和 a 是常数。随着频谱曲线图的不同,c 和 a 常数值也是不同的。

4.3 几种颗粒物分形维数测定过程及结果

选用了 AP、RDX 和 Al 作为测定对象,以同一幅扫描电镜图为例(AP1-c)。

4.3.1 改变观察尺度和盒维数相结合的方法

为计算一个平面集 F 的盒维数,可以构造一些边长为 δ 的正方形或称为盒子,然后计算不同 δ 值的"盒子"和 F 相交的个数 $N_\delta(F)$,这个维数是当 $\delta \to 0$ 时,$N_\delta(F)$ 增加的对数速率,或者可以由 $\lg N_\delta(F)$ 相对于 $\lg\delta$ 图的斜率值来估算,界面定义为氧化剂非常贴近黏合剂的那部分。

72

设 F 是 R_n 上任意非空的有界子集，F 的上、下盒维数分别定义为

$$\overline{\dim_B F} = \overline{\lim_{\delta \to 0}} \frac{\lg N_\delta(F)}{-\lg\delta}$$

$$\dim_B F = \underset{\delta \to 0}{\underline{\lim}} \frac{\lg N_\delta(F)}{-\lg\delta}$$

F 的盒维数由下式定义：

$$\dim F = \lim_{\delta \to 0} \frac{\lg N_\delta(F)}{-\lg\delta}$$

如果这个极限存在，设 $\delta(F)$ 是与 F 相交的 δ-网立方的个数，利用上述情况，画出 $\lg N_\delta(F)$ 相对于 $-\lg\delta$ 的图像，计算斜率即可得到分形维数，取 5 个点的对应数值的平均值或纵数。

用 Photoshop 软件对图片用不同 r 的格子进行覆盖，对 r 和 $N(r)$ 分别求负对数和对数，以 $-\lg(r)$ 为横坐标，以 $\lg N(r)$ 为纵坐标做图，得到的线性曲线的斜率即为分形维数 D，分 3 组(不同粒径，每种粒径 2 张)进行测定，最后求平均值。

首先用边长 $r=2\text{cm}$ 的格子覆盖颗粒图片，在 Photoshop 工具里，可利用插入网格或设置参考坐标的方法得到网格，然后数出图片中颗粒边缘所占据的格子，见图 4-2、图 4-3、图 4-4。

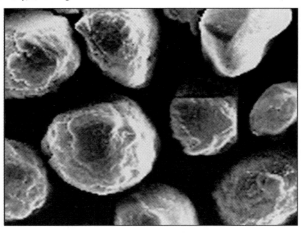

图 4-2　AP 颗粒扫描电镜图(AP1-c)

如图 4-2 所示，对 r 求负对数，及 $N(r)$ 求对数，得到表 4-1 中的第二竖栏的数据；接着取边长 $r=1.5\text{cm}$ 的格子再进行覆盖，数出颗粒覆盖格子数目 $N(r)=41$，如图 4-3 所示，分别取对数后得到表 4-1 中第三竖栏的数据；同理继续用边长为 1cm 和 0.5cm 的格子对图片进行覆盖，得到第四和第五竖栏的数据，数据结果列于表4-1。

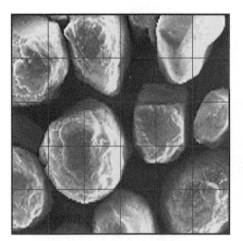

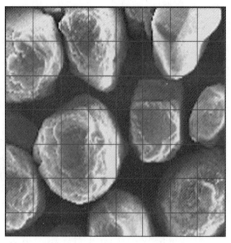

图 4-3　覆盖 2cm 的盒子　　　　　　图 4-4　覆盖 1.5cm 的盒子

表 4-1　AP1-c 的处理数据

AP	1	2	3	4
r/cm	2	1.5	1	0.5
$N(r)$	28	41	75	168
$-\lg(r)$	-0.30102	-0.17609	0	0.30103
$\lg N(r)$	1.447158	1.612784	1.875061	2.225309

最后以 $-\lg(r)$ 为横坐标, $\lg N(r)$ 为纵坐标, 得到图 4-5。从图 4-5 可看出, 斜率 $k=1.2982$, 即得分形维数 $D=1.2982$。

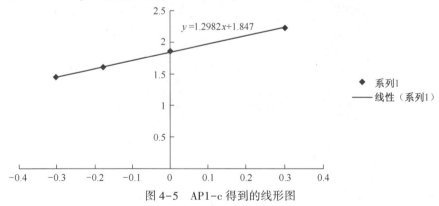

图 4-5　AP1-c 得到的线形图

分别对 AP、RDX、Al 粉的电镜图片进行上述处理。

盒维数法是最常用的简单分形维数计算的方法, 准确度高, 而与观察尺度相结合的方法优点是简单易懂,不需要复杂的计算,准确度较高。缺点是工作量大,人为误差因素较难控制,而且取的盒子尺度也较少,限制其结果的精确度,不适合大批量的处理以及大面积图形的处理。这个方法要求图像尽可能清晰,粒子之间的界限尽可能容易分辨。

4.3.2 用分形图像处理系统软件直接处理(盒维数)

首先把原始图片转化为二值图[11];然后再进行简单的分形维数的计算,有多种计算方法,这里采用盒维数法。

用软件先对图 4-6 进行二值化处理,得到图 4-7;然后再进行盒维数法运算,得到结果如图 4-8 所示,$D = 1.542$。

图 4-6 AP 颗粒扫描电镜图(AP1-c)

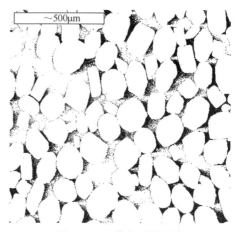

图 4-7 二值化后的图片

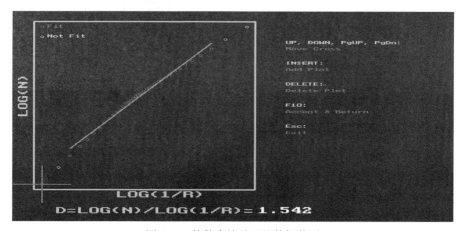

图 4-8 软件直接处理的数据截图

用同样方法分别对 AP、RDX、Al 粉的电镜图片进行处理。这种方法的优点是操作简单,几乎都是计算机处理,人为误差比较小;缺点是对于图形的二值化处理的标准单一,所以对某些图片处理的效果不够好,导致部分结果有偏差。此方法对图像有比较高的要求,即要得到良好的二值图像。

4.3.3 边界像素与盒维数相结合的方法

整个过程大体分为两大部分。

1. 图片的预处理

1) 轮廓处理

用 Matlab 图像处理软件中的 edge 进行简单的编程命令,即得到只含有粒子轮廓的图片(底色为黑色)。

I = imread('x. bmp');

BW1 = edge(I,'sobel');

BW2 = edge(I,'canny');

imshow(BW1)

figure, imshow(BW2)

其中 x. bmp 为原图。

2) 颜色反转

用 FIPS(分形图像处理系统软件)中的 REVERSE 子菜单(SPECIAL PROCESS\REVERSE)进行处理,得到新的轮廓图(底色为白色)。

3) 单色化

用画板打开颜色反转图,将其转化为单色图并保存。

2. 维数的计算

将图片用 FIPS 软件进行分形维数的计算[Simple Fractal\ Fractal. dim \2D (BMP image)\Box-Counting(盒维数法)]。

对图 4-6 首先进行取轮廓处理得到图 4-9,对图 4-9 进行颜色反转得到图 4-10,然后进行单色化处理得到预处理图片图 4-11;最后用 FIPS 进行维数计算,边界像素与盒维数结合法处理的最后结果如图 4-12 所示。

$$D = 1.464$$

用同样的操作可对 AP、RDX、Al 粉电镜图片进行处理。

这种算法也是运用盒维数法的原理,取了边界像素后使处理的数据更加准确,避免了原始图形处理时,内部像素对结果的干扰;不足之处是,有些图像的预处理并没有达到十分精准的程度,有待加强。虽然有误差,但是已经能反映图像的绝大部分信息,具有相当的可信度。这种方法对图像有很高的要求,边界取的准确性直接影响分形维数的结果。

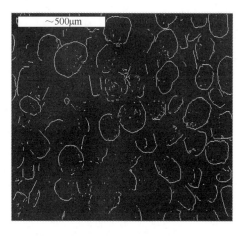

图 4-9　对图 4-6 取轮廓图

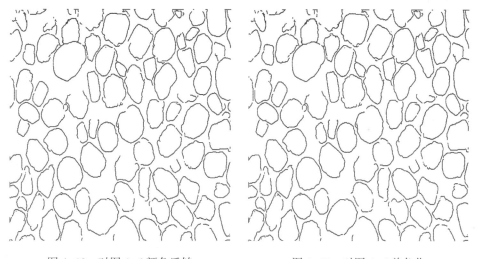

图 4-10　对图 4-6 颜色反转　　　　　　　图 4-11　对图 4-6 单色化

4.3.4　面积-周长法

1. 二值化或单色化

首先用软件中 IMAGE PROCESS/SPECIAL PROCESS/2-LEVEL 命令,把原始图片转化为二值图;或者用简单的图像工具(如 Acdsee)把原图处理成单色位图,视处理的效果决定,目的是得到能良好体现出粒子与周边界限的图。

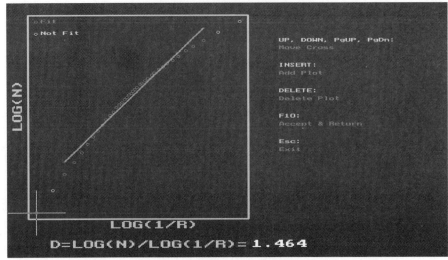

图 4-12　边界像素与盒维数结合法数据截图(AP1-c)

2. 颜色反转

利用 FIPS(分形图像处理系统软件)中的 REVERSE 子菜单(SPECIAL PROCESS\REVERSE)进行处理,得到新的轮廓图(底色为白色)。

3. 用面积-周长法处理

将图片用 FIPS 软件进行分形维数的计算[Simple Fractal\Fractal. dim\2D (BMP image)\Area-Perimeter (面积-周长法)]。

先将原图(图4-6)用画板单色化处理得到单色位图(图4-13),然后进行颜色反转运算得到黑色粒子白底色图(图4-14),最后用 FIPS 进行面积-周长计算。

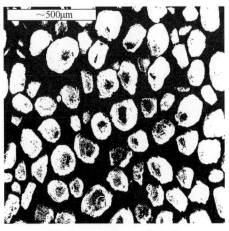

图 4-13　对图 4-6 单色化

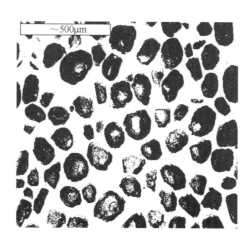

图4-14 对图4-13颜色反转运算,得到数据结果(图4-15)
$D = 1.342$

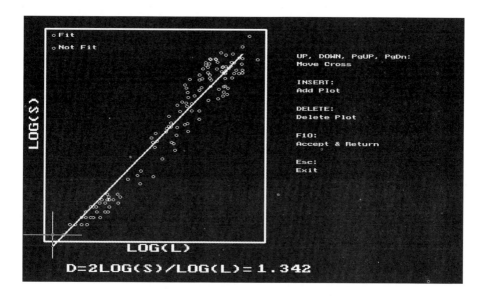

图4-15 面积–周长法计算数据截图(AP1–c)

依次处理 AP、RDX、Al 粉的电镜图。

这种方法操作简便,数据的收敛性也比较好,但是对图型处理要求也比较高,所以图片的预处理显得十分重要。

表4-2中列出了用4种方法测定的 AP、RDX 等的分形维数。

表 4-2　4 种方法测定分形维数的结果(原始实验数据)

编号　样品　方法		方法 1 改变观察尺度和盒维数相结合	方法 2 FIPS 软件直接处理(盒维数)	方法 3 边界像素与盒维数相结合	方法 4 面积-周长法
Al 粉		1.2943	1.4440	1.486	1.213
AP₁	AP$_{1-a}$	1.2996	1.476	1.545	1.452
	AP$_{1-b}$	1.3078	1.486	1.444	1.341
	AP$_{1-c}$	1.2982	1.542	1.464	1.342
	AP$_{1-d}$	1.3005	1.582	1.386	1.326
	AP$_{1-e}$	1.2874	1.455	1.319	1.258
	D(F)	1.2987	1.5082	1.4598	1.3438
AP₂	AP$_{2-a}$	—	1.297	1.459	1.247
	AP$_{2-b}$	—	1.569	1.509	1.206
	D(F)	—	1.4330	1.484	1.2665
AP₃	AP$_{3-1}$	—	1.970	1.689	1.027
	AP$_{3-2}$	—	1.640	1.666	1.170
RDX	RDX-a	1.1017	1.446	1.365	1.173
	RDX-b	1.2889	1.507	1.378	1.166
	RDX-c	1.1828	1.495	1.289	1.271
	RDX-d	1.2678	1.409	1.252	1.067
	D(F)	1.2103	1.4640	1.3210	1.1693

注:方法 1 为改变观察尺度和盒维数相结合的方法;方法 2 为利用 FIPS 软件直接处理(Box-Counting)的方法;方法 3 为边界像素与盒维数相结合的方法;方法 4 为面积-周长法。表中 Al、AP₁、AP₂、RDX 粉皆为研究需要而专门拍摄的,AP₃ 为文献资料上刊登的扫描电镜图图片

　　实验测得 AP 等的分形维数的值:最终取 a、b、c、d 这 4 个图的平均值为最终 AP1 的分形维数值 $D(F)_{AP_1}$ = 1.3653,用方法 1 测得为 1.2987。实验测得 RDX 的分形维数值:$D(F)_{RDX}$ = 1.1693,用方法 4 测得为 1.1693。

　　实验测得 Al 粉的分形维数值:用方法 1 测得为 1.2943,用方法 4 测得为 1.213。

　　我们从大量的 AP、RDX、Al 粉的扫描电镜图中选出了部分分散度好、信息量大的图片进行处理。

　　通过研究可以初步得到以下结论：

　　（1）不同的测定方法对同一样品进行测定时，分形维数的结果略有差异，总体来看相差不大，其中包含了实验误差。

　　（2）AP 粒径、形状等因素对其分形维素有一定的影响。

　　（3）改变观察尺度和盒维数相结合的方法与文献的方法测定结果基本一致，测出的分形维数值 $D(F)_{AP} = 1.2990$ 与文献值 1.28 较接近[6]，其特点是手工操作人为影响因素较大。

　　（4）利用 FIPS 软件与图像处理软件相结合，引入了新的计算分形维数的方法，使结果更加精确。

　　（5）用扫描电镜图像进行处理来计算分形维数的方法要求电镜图中的粒子在尽可能多（信息量大）的情况下要有很好的分散性。

参 考 文 献

［1］　Mandelbrot B B. Fractals：Form，Chance and Dimension［M］. San Francisco：Freeman，1977.

［2］　Mandelbrot B B. The Fractal Geometry of Nature［M］. San Francisco：Freeman：1982.

［3］　李契，朱金兆，朱清科 . 分形维数计算方法研究进展［J］. 北京林业大学学报，2002，24（2）：71-78.

［4］　冯志刚，周宏伟 . 图像的分形维数计算方法及其应用［J］. 江苏理工大学学报，2001，22（6）：92-95.

［5］　董远，胡光锐 . 图像分形维数计算技术［J］. 计算机应用与软件（月刊），2001 年，18（6）：61-64.

［6］　Marvasti M A，Strahle W C. Burning Rate Prediction of Composite Solid Propellants Using Fractal Geometry ［J］. Combust. Sci. and Tech.，1992，83：291-297（304）.

［7］　肯尼思· 尔科内 . 分形几何—数学基础及其应用［M］. 曹文曲译 . 沈阳：东北大学出版社，1991.

［8］　张济忠 . 分形［M］. 北京：清华大学出版社，1995.

［9］　B·曼德尔布洛特 . 分形对象—形、机遇和维数［M］. 文志英，苏虹译 . 北京：世界图书出版公司，1999.

［10］　周金萍 . MATLAB6.5 图形图像处理与应用实例［M］. 北京：科学出版社，2002.

［11］　王沛 . AP 分形维数的测定方法探究［D］. 深圳：深圳大学，2004.

第5章 价电子-分形燃烧模型的建立与计算

5.1 概　　述

随着分形理论的产生、发展,常用计算分形维数的方法广泛应用;价电子燃烧模型假设氧化剂 AP 为球形,但实际的 AP 颗粒并非球形,而是有着各种不同的形状和尺寸, 如图 5-1、图 5-2 所示,因此现有的价电子燃烧模型由于颗粒的不规则性难以反映实际燃烧状况,分形理论为解决这一难题提供了依据。

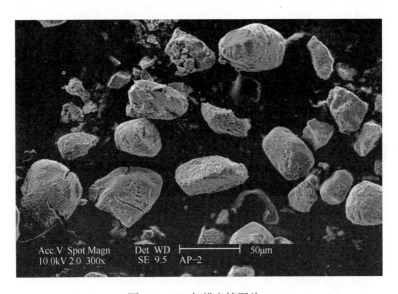

图 5-1　AP 扫描电镜图片 1

从图 5-1、图 5-2 观察真实的 AP 颗粒并非球形,而是有着各种不同的形状和尺寸,必须用分形理论进行改进或修正,在第 4 章中详细介绍了分形理论和分形维数测定方法,选择了 4 种测定分形维数的方法,分别测定了 AP、Al、RDX 等颗粒填充剂的分形维数, 取其平均值, 其值分别为 $D(F)_{AP_1} = 1.3653$、$D(F)_{Al} = 1.213$、$D(F)_{RDX} = 1.1693$。

价电子燃烧理论认为,推进剂的燃烧过程即为氧化还原过程,即价电子转移

图 5-2　AP 扫描电镜图片 2

的过程。AP 是复合固体推进剂中常用的氧化剂,是比例最大的组分,它的爆燃过程对整个推进剂的燃烧特性有着很大的影响。针对固体颗粒形状不规则的特点,引进了分形理论,在价电子燃烧模型的基础上应用分形理论进行改进,提出复合固体推进剂的价电子-分形燃烧模型,利用分形维数简化复合固体推进剂的价电子-分形燃烧模型及其模拟计算方法。用高级语言编制了程序,使该软件系统仍保持原价电子燃烧模型所具有的数学公式简单、浮动参数较少、计算程序较少、计算精度较高等特点,并广泛应用于航天、航空、兵器等部门的相关单位。

5.2　价电子-分形燃烧模型的建立

在价电子燃烧模型[1-10]的基础上,运用分形理论建立了一个崭新的固体推进剂价电子-分形燃烧模型。针对 AP 颗粒形状不规则的特点,引进分形维数,进行了燃烧模拟计算方法的有关公式推导和编程计算研究,用价电子-分形燃烧模型编制出燃速计算软件。

1. 氧化剂 AP 等不是光滑的球形

固体推进剂中的颗粒填充物氧化剂 AP 等化合物不是光滑的球形,而是有着各种不同的形状和尺寸的畸形物[1-16],如图 5-2 所示。

近年来,Marvastim 等[17]用分形理论修正了 PEM 模型,本书在价电子燃烧模型[3-8]的基础上,运用分形理论[9-10]建立了一个固体推进剂价电子-分形燃烧模型,针对 AP 颗粒形状不规则的特点,引进了分形维数,进行了燃烧模拟计算的有关公式推导和计算研究,用价电子-分形燃烧模型编制出燃速计算软件。计算结果表明该模型比价电子模型计算结果更接近实验值,这说明新型的价电子-分形燃烧模型更合理。

2. 固体推进剂价电子-分形燃烧模型的建立

价电子分形燃烧模型是在价电子模型基础上对其改进而建立的,图 5-3 是价电子模型中对 AP/HTPB 推进剂燃烧过程的理解示意图。

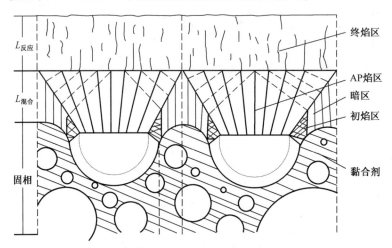

图 5-3   AP/HTPB 推进剂价电子模型燃烧过程示意图

从图 5-3 中可以看到两个显著的特点:

(1) AP 是间断相,HTPB 相是连续的。

(2) AP 可以爆燃形成 AP 焰,HTPB 则不能。

根据以上两点,在价电子模型中有以下几点假设:

(1) 燃面上的 AP 形成一个 AP 预混火焰;燃气向四周扩展(包括扩散),与 HTPB 的分解气体混合后,形成一个最终的预混火焰;在 AP、HTPB 交界处的小空间里,由 AP 固相分解气体和 HTPB 的分解产物形成一个"初焰"(不一定是发光的火焰,对暗区来说它是初始放热反应)。

(2) 根据热量与温度梯度成正比的原理,AP 燃面主要接受 AP 预混火焰的热传导,而终焰的热量几乎传不到 AP 燃面;燃面的 HTPB 部分主要接受终焰的热传导,而 AP 焰对它没有贡献;AP、HTPB 界面处还要接受初焰的少量传热;整个燃面接受终焰的辐射传热。

(3) 推进剂的线性燃速由连续相 HTPB 的线性热分解速度控制。

（4）HTPB 的线性分解速度满足：

$$r = B_5 \cdot \exp\left(-\frac{E_H}{R \cdot T_S}\right) \qquad (5-1)$$

式中：B_5 为经验常数；E_H 为 HTPB 分解活化能；T_S 为表面燃烧温度；R 为通用气体常数。

图 5-4 是 AP 推进剂价电子-分形燃烧模型过程的理解示意图，与固体推进剂的基本燃烧模型大体一致。[26]

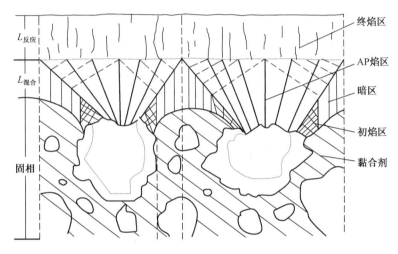

图 5-4　AP 推进剂价电子-分形燃烧模型过程的理解示意图（彩色版本见彩插）

每一份氧化剂分配有一定量的黏合剂，AP 为非球形，具有分形特征，图 5-5、图 5-6 为氧化剂与黏合剂的剖面图。

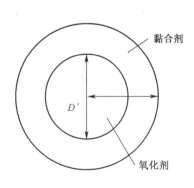

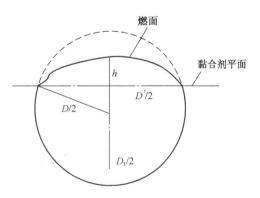

图 5-5　氧化剂与黏合剂结合的俯视图　　　图 5-6　氧化剂与黏合剂结合的侧视图

热分析研究证明,HTPB 的分解温度高于 AP 的分解温度。在推进剂燃烧过程中,由于 AP 比 HTPB 分解更快,必然会凹进黏合剂平面。所以对 AP 粒子的预热与分解过程修正见图 5-7 和图 5-8。

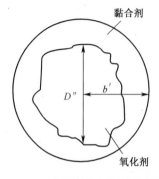

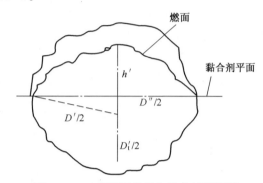

图 5-7　AP 分形氧化剂与黏合剂俯视图　　图 5-8　AP 分形氧化剂与黏合剂侧视图

基本的燃烧模型认为每一份氧化剂分配有一定量的黏合剂。图 5-5 表示了氧化剂与黏合剂结合的一种视点,在这里:

$$b = D/\sqrt{6 \times \zeta_{OX}} \tag{5-2}$$

$$D' = D \times \sqrt{(2/3)} \tag{5-3}$$

图 5-5、图 5-6 显示了氧化剂与黏合剂结合的视点图,燃面距黏合剂平面的高度由式(5-4)给出:

$$H_{P,N} = \frac{D}{2} \times \left(1 \pm \frac{1}{\sqrt{3}}\right)\left(1 - \frac{r_{OX}}{r_h}\right) + r_{OX} \times t_{ign} \tag{5-4}$$

式中:P 和 N 分别对应于"+"号和"−"号(即颗粒伸出或凹进黏合剂平面);t_{ign} 为氧化剂 AP 的点火延滞期,它由 Shannon 公式确定为 $t_{ign} = 190 \cdot D^{1.8}/P^{0.75}$。由以上等式,黏合剂和氧化剂之间的关系可以写成:

$$S_h = \pi \times \frac{D^2}{6} \times \left(\frac{1}{\zeta_{OX}} - 1\right) \tag{5-5}$$

$$S_{OX} = \pi \times \frac{D^2}{6} \times \{1 + 3 \times [(h_P/d)^2 + (h_N/d)^2]\} \tag{5-6}$$

然而,真实的 AP 燃面并非理想中的球型,它具有分形特征,所以图 5-5、图 5-6 应由图 5-7、图 5-8 两个图形代替。

根据 AP/HTPB 推进剂在非均相体系燃烧的特点和燃烧的几点假设,从而得到了计算燃速和压力指数的基本公式。

（1）由燃面上能量平衡方程,得

$$r\rho C_S(T_S - T_0) = Q_{OX} + E_S + r\rho Q_{BX} \tag{5-7}$$

（2）由 HTPB 的线性热分解速度方程得

$$r = B_2 \cdot \exp\left(-\frac{E_H}{R \cdot T_S}\right) \tag{5-8}$$

5.3　价电子-分形燃烧模型基本参数的求解

在推进剂的燃速计算中,面积的重要性变得很明显,而这个连续性方程是测定燃速的一系列方程(能量、焰火温度等)的一部分,考虑到真实粒子的分形行为,价电子的粒径和表面积关系这里不再适用;为了修正复合固体推进剂中 AP 表面粗糙度与表面积的关系,测定真实的 AP 表面积,需要计算氧化剂-黏合剂界面上的作为界面的粗糙度量度的分形维数。选用含有 87.5% 固体成分的 AP 和 HTPB 双模混合物作推进剂样品,运用了反散射电子检测(BSED)显像系统扫描推进剂中的 AP 粒子。图 5-5~图 5-8 分别表示了球形、非球形真实的 AP 颗粒图形。

豪斯多夫维数 d_H 作为分形维数的基础,它描述了分形这种不规则图形的复杂程度和占有空间的程度。若自相似分形 F 分为 m 个与其自身相似的组成部分 $S_1, S_2, \cdots, S_m$,即

$$F = \bigcup_{i=1}^{m} S_i(F) \tag{5-9}$$

且 $S_i(F) \cap S_j(F) = \Phi$（其中 $i \neq j$）,则有:

$$H^s(F) = \sum_{i=1}^{m} H^s[S_i(F)] = \sum_{i=1}^{m} \lambda_i^s H^s(F)] \tag{5-10}$$

式中:λ_i 为第 i 个组成部分 $S_i(F)$ 与整体 F 的相似比。当 $S = d_H(F)$ 时,$H^s(F)$ 为有限值。经整理得到:

$$\sum_i^m \lambda_i^{d_H(F)} = 1 \tag{5-11}$$

已知全部相似比 λ_i,就可由式(5-11)计算出自相似分形的维数,若分开 F 的各个组成部分都具有相同的相似比,即

$$\lambda_1 = \lambda_i = \cdots = \lambda_m = \lambda$$

由式(5-11)可得到它的分形维数为

$$m\lambda^{d_H} = 1 \quad 或 \quad d_H = \frac{\ln m}{\ln(1/\lambda)} \tag{5-12}$$

尽管从豪斯多夫测度和维数理论可以直接计算自相似分形的维数,但是,对于其他复杂的分形,进行这种直接的计算是非常困难的。在实际应用中,已建立

了一些近似而有效的计算分形维数的方法,盒维数 d_B 就是一种目前比较广泛使用的分形维数。这种方法的基本思想是在图片上放些已知大小的盒子,然后数出包含氧化剂–黏合剂界面的盒子数。首先,把图形所嵌入的空间划分成边长为 δ 的小盒子;然后,计数与图形相交的盒子数目 $N(\delta)$。

对于曲线的长度 $l(\delta)$,有

$$l(\delta) = N(\delta) \text{ 或 } N(\delta) \propto \delta^{-1} (d = 1)$$

对于曲线的面积,有

$$S(\delta) = N(\delta)\delta^2 \text{ 或 } N(\delta) \propto \delta^{-2}$$

把这些结果进行推广,对于分形 F 而言,用 d_B 表示分形 F 的维数,则有

$$N(\delta, F) \propto \delta^{-\mathrm{d}F} \tag{5-13}$$

由式(5-13)可得到计算分形的盒维数 d_B 的方法为

$$d_B = -\frac{\ln N(\delta, F)}{\ln \delta} \tag{5-14}$$

从豪斯多夫测度和维数理论来分析,在计算盒维数时,实际上是利用了形状和大小完全相同的 δ^s 的集合作为覆盖,在这种情况下:

$$N(\delta, F)\delta^s = \inf\left\{ \sum_i \delta_i^s : \{\delta_i\} \text{ 是 } F \text{ 的有限覆盖} \right\} \tag{5-15}$$

当 $n \to \infty$ 时可得

$$N(\delta, F)\delta^s \to \infty \ , \qquad 当 s < \mathrm{d}F(F) \tag{5-16}$$

$$N(\delta, F)\delta^s \to 有限值 \ , \qquad 当 s = \mathrm{d}F(F) \tag{5-17}$$

$$N(\delta, F)\delta^s \to 0 \ , \qquad 当 s > \mathrm{d}F(F) \tag{5-18}$$

显然,只有 $N(\delta, F)$ 满足:

$$N(\delta, F) \propto \delta^{-\mathrm{d}F(F)} \tag{5-19}$$

时,才会使式成立。从而得到盒维数的严格定义为

$$\mathrm{d}F = -\lim_{\delta \to 0} \frac{\ln N(\delta, F)}{\ln \delta} \tag{5-20}$$

按照这种方法研究确定了 AP 表面的分形维数为 1.37。

已得到了 AP 粒子的分形维数,那么如何确定真实 AP 颗粒的燃烧表面积关系呢?为了更好地理解 AP 的分形行为,我们将从球形粒子着手,从特殊到一般。在一维界面中,周长可以写成:

$$P = \pi \times D_0 \times D_r \tag{5-21}$$

其中:$D_r = \dfrac{D}{D_0}$。

在二维界面中,周长可以定义为面积被特征长度相除的结果:

$$P = 4 \times \pi \times (D/2)^2 \tag{5-22}$$

即

$$P = \pi \times D_0 \times D_r^2 \tag{5-23}$$

由以上球形粒子中的关系,推广到一般 dF 维界面可得:

$$P = \pi \times D_0 \times D_r^{\mathrm{d}F} \tag{5-24}$$

也就说在分形粒子中,粒径可由式(5-25)求出:

$$\overline{D} = D_0 \times D_r^{\mathrm{d}F} \tag{5-25}$$

利用分形维的定义可以求得特征长度 D_0,分形维数定义为

$$N(\delta, F) = C_1 \times \delta^{-\mathrm{d}F} \tag{5-26}$$

式中: C_1 为一个常数。那么周长可以写成:

$$P = C_2 \times N(\delta, F) \times \delta \tag{5-27}$$

式中: C_2 为一个常数。由式(5-25)和式(5-26)关系可以得到:

$$C_1 \times C_2 = \pi \times D_0 \times D_r^{\mathrm{d}F} \times \delta^{\mathrm{d}F-1} \tag{5-28}$$

由于 C_1 和 C_2 不是 dF 的函数,因此 D_0 必须定义为

$$D = \delta \times D' \tag{5-29}$$

由球形粒径到一般粒径的推广,可以看到球形粒子和分形粒子中的各种物理量有着相同的函数形式。实际上,任何线性基于周长(如 b、D' 等)的数都保持相同的函数(进而数字)形式。因此在分形颗粒模型中:

$$\overline{h}_{\mathrm{P,N}} = \frac{\overline{D}}{2}\left(1 \pm \frac{1}{\sqrt{3}}\right)\left(1 - \frac{r_{\mathrm{OX}}}{r_h}\right) + r_{\mathrm{OX}} \cdot t_{ign} \tag{5-30}$$

按照 BDP 模型中燃面几何方法求出氧化剂所占燃面分数:

$$BS_{\mathrm{OX}} = \frac{\xi_{\mathrm{OX}}\left[6(h_{\mathrm{P,N}}/D_0)^2 + 1\right]}{1 + 6\xi_{\mathrm{OX}}(h_{\mathrm{P,N}}/D_0)^2} \tag{5-31}$$

ξ_{OX} 为氧化剂的体积分数:

$$\xi_{\mathrm{OX}} = \frac{B_{\mathrm{OX}}/\rho_{\mathrm{OX}}}{B_{\mathrm{OX}}/\rho_{\mathrm{OX}} + B_h/\rho_h} \tag{5-32}$$

具体的计算过程和参数的求解可以参看文献[5]。

5.4　模拟计算燃速程序的编制及界面

价电子–分形燃烧模型是在价电子燃烧模型的基础上引进了分形理论,具

体地说，就是对推进剂中的固体添加物（如 AP、RDX、HMX、Al 等）测定了分形维数，用分形维数参数对价电子模型进行修正、完善，价电子-分形燃烧模型实际上就是改进后的价电子燃烧模型，其计算结果更接近实验值。

1. 计算程序流程及其界面

燃烧模型建立并得到模拟计算方法后，用 Visual Basic. NET 编制了一个计算燃速的程序。在所有模拟计算中，都要联立求解能量平衡方程和燃速方程。这两个方程都是非线性的超越方程，用一般的迭代法（如简单迭代法、塞德尔迭代法、松弛迭代法等）并不是所有都收敛的。为此，使用了如下的方法来解方程。

将方程改写成：

$$r = f(r, T_S) \tag{5-33}$$

$$r = g(T_S) \tag{5-34}$$

（1）设 $T_1^1, T_2^1, T_3^1, \cdots, T_N^1$。$T_1^1$ 与 T_N^1 间的范围基本上就是可能的取值范围。

（2）将 $T_2^1, T_3^1, \cdots, T_N^1$ 代入式（5-34）求出一组燃速：$r_1, r_2, r_3, \cdots, r_N^1$。

（3）将 $T_1^1, T_2^1, T_3^1, \cdots, T_N^1$ 和 $r_1^1, r_2^1, r_3^1, \cdots, r_N^1$ 代入式（5-33），求出另一组燃速 $R_1^1, R_2^1, R_3^1, \cdots, R_N^1$。

（4）令 $\Delta X_i^1 = |R_i^1 - r_i^1|$，找出最小的 ΔX_i^1，确定 i 的数值。

（5）以 T_i^1 为中心，在 $T_i^1 - \frac{1}{4}(T_N^1 - T_i^1)$ 和 $T_i^1 + \frac{1}{4}(T_N^1 - T_i^1)$ 范围内又取 T_1^2，$T_2^2, T_3^2, \cdots, T_N^2$。重复执行步骤（2）、（3）、（4），然后再找出使 ΔX_i^2 的 i。再在 $T_i^2 - \frac{1}{4}(T_N^2 - T_i^2)$ 和 $T_i^2 + \frac{1}{4}(T_N^2 - T_i^2)$ 范围内取 T_1^3，$T_2^3, T_3^3, \cdots, T_N^3$，如此反复进行 N 次，使最小的 ΔX_i^N 小于要求的精度，这时的 T_i^N, r_i^N 就是所求的燃面温度 T_S 和 r。

（6）为计算程序中的每个文本框内的文本变量设置一个全局变量，把全局变量的值传入到绘图程序中，这样就可以针对用户输入的任意配方为基础进行画图。

这种方法虽然是针对二元方程组提出来的，但稍加变化便可用于多元方程组，只要方程组有解，这种方法就一定能找到解，这就是这种方法的优点。

模拟计算燃速的过程框图如图 5-9 所示。

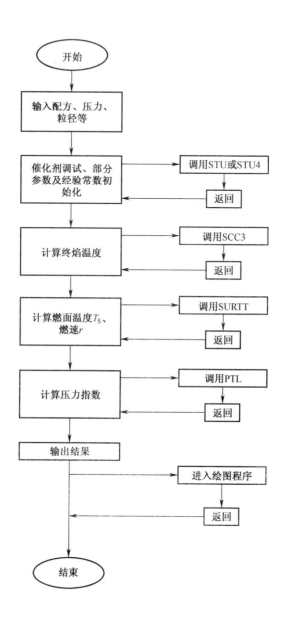

图 5-9　模拟计算燃速程序框图

2. 模拟计算燃速程序界面

模拟计算燃速程序界面如图 5-10 所示。

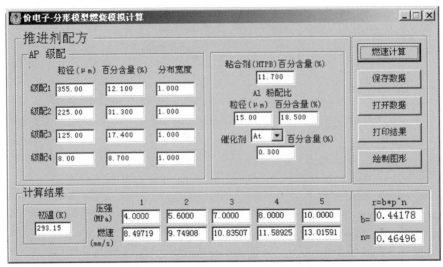

图 5-10　模拟计算燃速程序界面图

3. 燃速模拟计算程序绘图界面

燃速模拟计算程序绘图界面如图 5-11 所示。

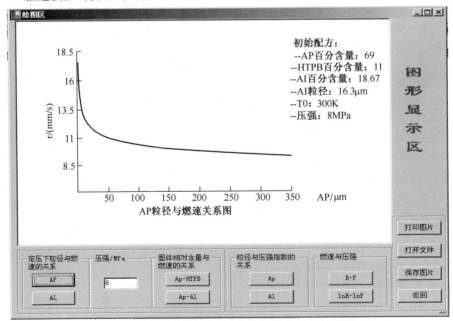

图 5-11　模拟计算程序绘图界面(彩色版本见彩插)

5.5 价电子–分形燃烧模型计算结果分析

5.5.1 含 AP 复合推进剂

1. 含催化剂的丁羟复合固体推进剂

选择有催化剂的配方为研究对象,有各种级配的 AP 和不同催化剂含量的 6 组配方,对其计算结果和真实推进剂的燃速实验结果进行比较,如表 5-1 和表 5-2 所列。

表 5-1 含催化剂 GFP 的推进剂计算燃速与实验值的比较

编 号			1	2	3	4	5	6
压力/MPa			6.0	6.0	6.0	6.0	6.0	6.0
级配数			3	3	3	3	3	2
催化剂		类型	GFP	GFP	GFP	GFP	GFP	GFP
		质量分数	0.1	0.05	3.3	4.0	3.3	3.7
Al		粒径	15	15	15	15	15	15
		质量分数	17	17	13	13	13	5
AP	1	粒径	225	225	225	225	225	225
		质量分数	20	20	18	18	18	28
	2	粒径	125	125	125	125	125	—
		质量分数	35	35	20	20	20	—
	3	粒径	4.7	4.7	9.8	9.8	9.8	4.86
		质量分数	15	15	34	34	34	51
	4	粒径	—	—	—	—	—	—
		质量分数	—	—	—	—	—	—
燃速/(mm/s)		分形计算	9.35	10.26	37.85	37.85	38.88	41.15
		实验	10.42	10.02	37.84	36.58	36.49	34.0
		分形计算相对误差/%	−11.45	2.30	0.03	3.36	6.15	17.38
压力指数 n		分形计算	0.23	0.26	0.361	0.361	0.362	0.37
		实验	0.21	0.21	0.377	0.356	0.388	0.32
		分形计算相对误差/%	0.87	19.23	−1.6	0.5	−7.19	13.52

由表 5-1 可以看出,模拟计算的燃速及压力指数与实验值吻合得较好,73% 的燃速等相对误差在 15% 的误差范围内,个别误差较大。

由表 5-2 可以看出模拟计算的燃速及压力指数与实验值吻合得较好。燃速计算值与实验值相对误差全部在 10% 以内,压力指数计算值与实验值的相对误差除一个误差较大外,其他也均在 10% 以内。

表 5-2　含催化剂 At 的推进剂计算燃速与实验值的比较

编　号			1	2	3	4	5	6
压力/MPa			5.6	5.6	7.0	7.0	5.6	5.6
级配数			4	4	3	4	2	2
催化剂		类型	At	At	At	At	At	At
		质量分数	0.5	0.4	0.5	0.5	0.5	0.45
Al		粒径	15	15	15	15	12.9	12.9
		质量分数	18.5	18.5	18	18.5	14	14
AP	1	粒径	355	355	290	355	360	360
		质量分数	12.1	26	43.13	26	41.4	41.4
	2	粒径	225	225	125	225	7	7
		质量分数	31.3	13.4	17.25	13.4	27.6	27.6
	3	粒径	125	125	8	125	—	—
		质量分数	17.4	17.4	8.62	17.4	—	—
	4	粒径	8	8	—	8	—	—
		质量分数	8.7	12.7	—	12.7	—	—
燃速/(mm/s)		分形计算	10.00	10.47	10.77	10.51	11.02	9.97
		实验	10.22	9.74	11.0	10.40	11.25	10.63
		分形计算相对误差/%	-2.2	7.5	-2.14	1.05	-2.09	-6.62
压力指数		分形计算	0.503	0.514	0.514	0.500	0.586	0.576
		实验	0.488	0.511	0.360	0.509	0.540	0.542
		分形计算相对误差/%	3.0	0.59	29.97	-1.8	7.85	5.91

注:At 为二茂铁类高燃速催化剂

由图 5-12 可以清楚地看出用价电子-分形燃烧模型计算的燃速值与实验值吻合得很好,绝大部分在 10% 的误差范围内。

由图 5-13 可以清楚地看出用价电子-分形燃烧模型计算的压力指数值与实验值吻合得很好,大部分在 10% 的误差范围内。

由表 5-1、表 5-2 和图 5-12、图 5-13 可以看出,含催化剂的推进剂配方的

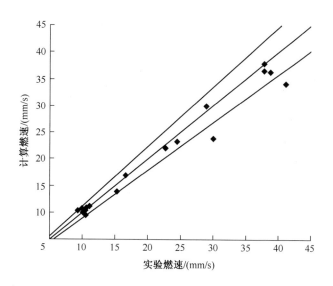

图 5-12　用价电子-分形燃烧模型计算的燃速值与实验值的关系图

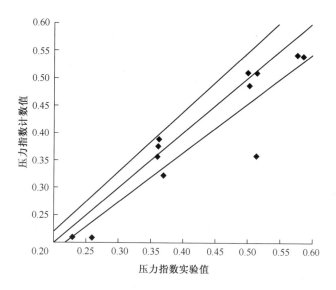

图 5-13　用价电子-分形燃烧模型计算的压力指数值与实验值的关系图

预估燃速及压力指数与实验值相比,燃速的分形预估结果和实验值相对误差在 10%以内的有 10 组,其比例达到 83.33%;而压力指数的分形预估结果和实验值相对误差在 10%以内的有 9 组,其比例达 75%。由于固体推进剂的燃烧过程是非常复杂的,影响因素很多,达到这样的精度已是很不容易的好结果,并说明用分形理论改进后的价电子-分形燃烧模型能提高燃速预估精度。图 5-14 列出了 AP/HTPB/Al 推进剂不同相对含量对燃速的影响。AP 含量越低,则燃速越低。

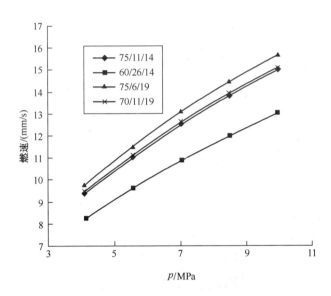

图 5-14　AP/HTPB/Al 推进剂相对含量对燃速的影响

2. AP 粒径变化对 NEPE 推进剂燃速的影响

1) AP 粒径对推进剂燃速的影响

AP 粒径对推进剂燃速有明显影响,在相同配方和压力情况下,AP 粒径越小推进剂燃速越高,压力越大燃速越高,在 AP 粒径相同的条件下,AP 含量高,则燃速高。总的预估精度较高,详见表 5-3。

由表 5-3 可以看出,用价电子-分形燃烧模型对 NEPE 推进剂进行燃烧性能计算,在 25 个实验点与计算点进行比较,燃速有一个试验点相对误差超过 10%,压力指数有一个点超过 10%,其总体预估精度较高,80% 的燃速相对误差在 10% 范围以内。

由配方编号 1、2、3 来看,AP 粒径相同,AP 含量越高、燃速越高、压力指数越低,由配方编号 4、5 看,AP 含量相同,AP 粒径越大、燃速越低、压力指数越高。

2) AP 粒径级配对燃速影响

AP 粒径配对燃速影响的分形计算结果与实验结果的比较如表 5-4 所列。

表 5-3 NEPE 配方不同压力下燃速计算值与实验值的比较

配方编号	AP 粒径 D_{AP}/μm	AP 含量/%	2.94MPa r_{ex}	2.94MPa r_0	2.94MPa E_r/%	4.90MPa r_{ex}	4.90MPa r_0	4.90MPa E_r/%	6.86MPa r_{ex}	6.86MPa r_0	6.86MPa E_r/%	8.83MPa r_{ex}	8.83MPa r_0	8.83MPa E_r/%	压力指数 r_{ex}	压力指数 r_0	压力指数 E_r/%
NO.1	135	10	3.87	3.969	2.561	5.79	5.793	0.048	7.47	7.491	0.282	9.3	9.139	-1.73	0.79	0.753	-4.68
NO.2	135	17	4.79	5.016	4.716	6.81	7.187	5.533	8.59	9.164	6.683	10.49	11.04	5.195	0.71	0.708	-0.28
NO.3	135	32	6.44	6.408	-0.49	8.66	9.042	4.41	10.39	11.41	9.769	12.09	13.62	12.64	0.57	0.675	18.42
NO.4	7	17	9.43	8.52	-9.65	12.55	11.85	-5.56	15.63	14.8	-5.33	18.24	17.53	-3.91	0.59	0.643	8.983
NO.5	245	17	4.74	4.56	-3.8	6.3	6.58	4.448	9.02	8.433	-6.51	10.84	10.2	-5.92	0.75	0.724	-3.47

注:燃速单位为 mm/s

表 5-4 AP 粒径级配对燃速影响的分形计算结果与实验结果的比较

配方编号	AP 粒径 8μm/140μm	2.94MPa r_{ex}	2.94MPa r_0	2.94MPa E_r/%	4.90MPa r_{ex}	4.90MPa r_0	4.90MPa E_r/%	6.86MPa r_{ex}	6.86MPa r_0	6.86MPa E_r/%	8.83MPa r_{ex}	8.83MPa r_0	8.83MPa E_r/%	压力指数 r_{ex}	压力指数 r_0	压力指数 E_r/%
NO.1	17/0	8.49	8.304	-2.19	11.84	11.56	-2.33	14.62	14.45	-1.16	17.11	17.13	0.088	0.63	0.645	2.381
NO.2	15/2	7.47	6.787	-9.15	10.57	9.544	-9.71	13.08	12.01	-8.19	15.4	14.31	-7.06	0.66	0.667	1.061
NO.3	11/6	6.65	5.843	-12.1	9.31	8.288	-11	11.37	10.49	-7.71	13.51	12.56	-7	0.64	0.686	7.188
NO.4	3/14	4.72	5.137	8.843	6.94	7.348	5.885	8.75	9.359	6.961	10.24	11.26	9.951	0.7	0.704	0.571
NO.5	0/17	4.66	4.986	7	6.64	7.147	7.64	8.46	9.116	7.759	10.01	10.98	9.69	0.7	0.709	1.286

将数据绘成价电子-分形和价电子燃烧模型计算燃速与实验值的比较图，如图 5-15 和图 5-16 所示。

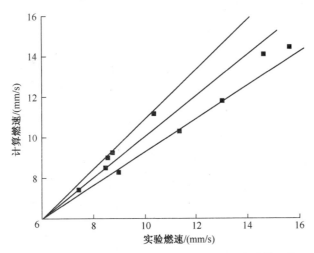

图 5-15　价电子-分形燃烧模型计算燃速与实验值比较

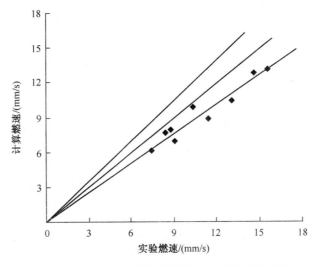

图 5-16　价电子燃烧模型计算燃速与实验值比较图

由表 5-3、表 5-4 及图 5-15、图 5-16 可以看出，价电子-分形燃烧模型计算得到的燃速及压力指数更接近实验值，精度高于价电子燃烧模型的计算值，这说明改进后的价电子-分形燃烧模型更符合实际，精度更高。

3. AP/HTPB/Al 相对含量对燃速的影响

设定初始配方为：$D_{Al} = 15\mu m$，$T_0 = 293.15K$，$D_{AP_1} = 135$，$D_{AP_2} = 7.6$。计算

结果见表 5-5。

表 5-5 推进剂配方组分相对含量变化对燃速的影响

(AP/HTPB/Al) /%	不同压力下的燃速 r/(mm/s)					压力指数 n
	4.0MPa	5.5MPa	7.0MPa	8.5MPa	10.0MPa	
75/11/14	9.227	10.95	12.49	13.85	15.07	0.536
60/26/14	8.041	9.520	10.82	11.99	13.02	0.527
75/6/19	9.641	11.46	13.08	14.52	15.80	0.540
70/11/19	9.074	10.01	11.55	12.93	14.14	0.556

从表 5-5 和图 5-16 中可以得到这样一个规律,Al 粉的含量增大和 AP 含量减少,燃速降低,压力指数增大;HTPB 含量增大和 AP 含量减少,燃速和压力指数同时降低;增大 Al 粉含量和减少 HTPB 含量,燃速和压力指数同时升高。

4. Al 粒径变化对推进剂燃速的影响

在计算中我们假定初始配方为:HTPB = 11%,Al = 14%,T_0 = 293.15K,D_{AP_1} = 135,AP = 66%,D_{AP_2} = 7.6,AP = 9%,计算结果见表 5-6。

表 5-6 在不同压力下 Al 粒径对燃速、压力指数的影响

Al 粒径/ μm	不同压力下的燃速 r/(mm/s)					压力指数 n
	4.0MPa	5.5MPa	7.0MPa	8.5MPa	10.0MPa	
D_{Al} = 15	9.894	11.66	13.22	14.60	15.83	0.514
D_{Al} = 25	9.743	11.51	13.07	14.46	15.70	0.521
D_{Al} = 35	9.608	11.37	12.94	14.33	15.57	0.528

Al 粒径与燃速关系如图 5-17 所示。

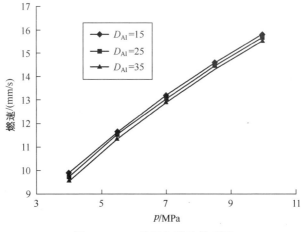

图 5-17 Al 粒径与燃速关系图

由表 5-6、表 5-7 和图 5-16～图 5-18 可以看出,Al 粉的粒径增大,燃速略有降低,压力指数略有升高,但是总的来看,Al 粒径对燃速的影响显然没有 AP 对燃速影响那么明显。

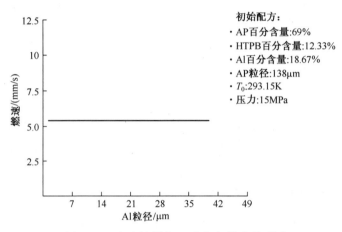

图 5-18　程序绘制的 Al 粒径与燃速关系图

从编制的程序绘出的 Al 粒径与燃速关系图(图 5-18)中也可以看出,随着 Al 粒径的增大,燃速大小几乎不变。

5. 分形维数的大小对燃速的影响

随着压力增高,燃速增大,不同压力下分形维数增大,燃速降低,详见表 5-7 及图 5-19。

表 5-7　不同压力下配方中分形维数大小对燃速的影响

压力 分形维数	5MPa	7MPa	8MPa	9MPa	10MPa
1.02	5.568	6.403	6.769	7.108	7.426
1.1	5.565	6.4	6.766	7.105	7.423
1.18	5.559	6.395	6.761	7.101	7.419
1.26	5.55	6.386	6.753	7.093	7.412
1.34	5.538	6.374	6.741	7.082	7.401
1.42	5.522	6.358	6.726	7.067	7.388
1.5	5.507	6.341	6.709	7.051	7.371
1.58	5.494	6.326	6.693	7.035	7.356

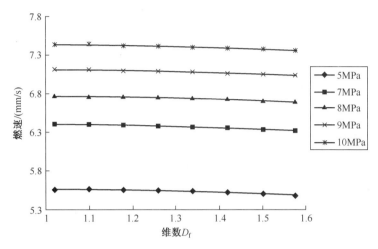

图 5-19　推进剂配方中分形维数的大小对燃速的影响

关于推进剂配方中分形维数对燃速的影响,国外文献[17-18]曾报道:对于大的颗粒尺寸和低的压力来说,用分形维数计算可以预估真实燃速;但是对于较高压力和较小的粒子尺寸来说,只有较小的改进。在我们的计算中,分形维数对燃速的影响也有类似的情况。总的说来,用分形维数来改进价电子燃烧模型是有效的,能提高燃速及压力指数的预估精度,有较强的实用性,已在中、高、低燃速预估实践中得到证实。

5.5.2　NEPE 推进剂

我们从文献[2,4,8]上摘出了几组数据,这些数据都是经过公认的实验数据。下面我们就对模拟计算数据与实验数据分几种不同的类型进行比较分析。

1. 价电子-分形燃烧模型模拟计算结果与实验值的比较分析

1) RDX/CMDB 的模拟计算与实验数据的比较

表 5-8 列出了含 RDX 的 CMDB 配方,表 5-9 和表 5-10 分别列出了配方 1 和配方 2 燃速计算值与实验值的比较。

表 5-8　含 RDX 的 CMDB 配方

配方号	D_{RDX}	RDX/%	NG/%	NC/%	D_{Al}	Al/%	TA/%
1	40	25	32	27	13	10	6
2	40	25	32	27	17	10	6

复合推进剂燃速模拟计算

表 5-9 配方 1 燃速计算值与实验值的比较

压力/MPa \ 燃速/(mm/s)	$r_{实验}$	$r_{分形}$	$r_{无分形}$	$\Delta E_{分形}$/%	$\Delta E_{无分形}$/%
4.90	6.08	6.08	6.12	0	−0.66
5.88	7.35	7.01	6.96	4.63	5.31
6.86	8.14	7.94	7.79	2.46	4.30

表 5-10 配方 2 燃速计算值与实验值的比较

压力/MPa \ 燃速/(mm/s)	$r_{实验}$	$r_{分形}$	$r_{无分形}$	$\Delta E_{分形}$/%	$\Delta E_{无分形}$/%
4.90	6.08	6.07	6.11	−0.15	+0.49
7.84	9.02	8.86	8.61	−1.77	−4.55
9.80	11.43	10.71	10.26	−6.30	−10.23

注:表中实验数据来源于文献[2-8,19-22]

由表 5-8~表 5-10 中的数据,从统计学的角度可以看出:根据 RDX/CMDB 推进剂的燃速模拟计算结果,运用改进后的价电子燃烧模型(即价电子-分形燃烧模型)计算的燃速值更接近实验值。

2) AP/CMDB 的模拟计算与实验数据的比较分析

表 5-11 列出了含 AP 的 CMDB 配方,表 5-12 列出了对应表 5-11 中各配方燃速计算值与实验值的比较。

表 5-11 含 AP 的 CMDB 配方

配方号	$D_{AP,\mu}$	AP/%	NG/%	NC/%	$D_{Al,\mu}$	Al/%	惰性增塑剂/%
1	100	27	28	30	12	5	10
2	100	26.7	27.7	29.7	12	5	10.4
3	100	30	24	28	12	10	8
4	100	28.3	22.7	26.6	12	9.4	10.4
5	100	25	28	30	12	7	10
6	100	23.7	30	25.7	12	10	1.9

注:压力:6.86MPa

表 5-12　对应表 5-11 中各配方燃速计算值与实验值的比较

燃速/(mm/s) 配方	$r_{实验}$	$r_{分形}$	$r_{无分形}$	$\Delta E_{分形}/\%$	$\Delta E_{无分形}/\%$
1	15.5	15.2	14.5	−1.94	−6.45
2	14.5	14.78	14.05	+1.93	−3.10
3	17.0	15.47	14.73	−9.00	−13.35
4	15.0	15.1	14.3	+0.667	−4.67
5	13.2	14.43	13.71	+9.32	+3.86
6	16.7	14.83	14.04	−11.20	−15.92
注:表中实验数值来源于文献[2-8]和[19-22]					

从上面的数据比较中,90%以上的数据表明用分形理论改进后的价电子燃烧模型计算的燃速与实验值更接近,同时说明改进后的价电子模型适用于 AP-CMDB 推进剂,也表明价电子燃烧模型的计算方法是正确的、可行的。

3) AP/RDX/CMDB 的模拟计算燃速与实验值的比较

表 5-13 中列出了复合改性双基推进剂配方,表 5-14 中列出对应表 5-13 中推进剂配方燃速实验值与燃速计算值比较。

表 5-13　复合改性双基推进剂配方

序号	$D_{AP,\mu}$	AP/%	$D_{RDX,\mu}$	RDX/%	NG/%	NC/%	$D_{Al,\mu}$	Al/%
1	127	25	0	0	32	27	13	10
2	0	0	40	25	32	27	13	10
3	127	12.5	40	12.5	32	27	13	10
4	127	15	40	20	26	17.5	13	15
注:配方组分中其余为惰性增塑剂								

表 5-14　对应表 5-13 中推进剂配方燃速计算值与实验值的比较

燃速/(mm/s) 压力/MPa	配方号	$r_{实验}$	$r_{分形}$	$R_{无分形}$	$\Delta E_{分形}/\%$	$\Delta E_{无分形}/\%$
4.90	1	9.34	11.36	10.90	+21.6	+16.7
	2	6.08	6.08	6.12	0	+0.66
	3	7.63	8.01	8.05	+4.98	+5.37
	4	8.11	8.34	8.24	+2.84	+1.60

（续）

压力/MPa 燃速/(mm/s)	配方号	$r_{实验}$	$r_{分形}$	$R_{无分形}$	$\Delta E_{分形}/\%$	$\Delta E_{无分形}/\%$
5.88	1	10.3	12.78	12.19	+24.08	+17.5
	2	7.35	7.01	6.96	−4.63	−5.31
	3	9.72	9.03	8.98	−7.10	−7.61
	4	9.25	9.43	9.23	−0.22	−12.92
6.86	1	11.8	14.16	13.44	+20.00	+13.90
	2	8.14	7.94	7.79	−2.38	−4.30
	3	10.6	10.03	9.87	−5.38	−6.89
	4	10.9	10.5	10.2	−3.67	−6.42

注：表中实验数值来源于文献[2-8]和[18-22]

从以上的数据比较中得知，用改进后价电子燃烧模型的计算燃速更接近实验值。这说明运用分形理论进行计算的方法是正确的、可行的，也适合于复合改性双基推进剂。

4）NEPE 推进剂模拟计算燃速与实验值的比较

由于 AP/RDX/CMDB 推进剂与 NEPE 推进剂有着很大的相似性，我们用该软件对 NEPE 进行燃速模拟计算，并对这两种推进剂的燃速结果进行比较。详见表5-15、表5-16。

表5-15　NEPE 固体推进剂配方

序号	$D_{AP,\mu}$	AP/%	$D_{RDX,\mu}$	RDX/%	PEG/%	$D_{AL,\mu}$	Al/%	含能增塑剂/%
1	135	10	40	47	7	17	18	18
2	135	17	40	40	7	17	18	18
3	7	17	40	40	7	17	18	18
4	245	17	40	40	7	17	18	18

表5-16　对应于表5-15推进剂配方燃速计算值与实验值的比较

压力/MPa 燃速/(mm/s)	配方号	$r_{实验}$	$r_{分形}$	$r_{无分形}$	$\Delta E_{分形}/\%$	$\Delta E_{无分}/\%$
2.94	1	3.87	3.35	3.41	−13.4	−11.9
	2	4.79	4.58	4.64	−4.38	−3.13
	3	9.43	9.31	9.36	−1.27	−0.73
	4	4.74	3.99	4.05	−15.8	−14.56

（续）

压力/MPa　　燃速/（mm/s）	配方号	$r_{实验}$	$r_{分形}$	$r_{无分形}$	$\Delta E_{分形}$/%	$\Delta E_{无分}$/%
4.90	1	5.79	5.41	5.27	-6.56	-8.98
	2	6.81	7.08	6.95	+3.96	+2.06
	3	12.55	13.48	13.34	+7.41	-6.30
	4	6.30	6.29	6.15	-0.16	-2.38
6.86	1	7.48	7.32	6.99	-6.42	-6.55
	2	8.59	9.37	9.03	+9.08	+5.12
	3	15.63	17.17	16.83	+9.85	+7.67
	4	9.02	8.40	8.06	-7.09	-10.64

　　从上面的数据中显示出,该模拟计算程序的计算结果与 NEPE 固体推进剂的实验值吻合得较好,事实上在 AP 不超过 30%时(也就是燃烧有暗区存在的推进剂),都可以用该模型对 NEPE 推进剂进行模拟计算。这也说明该计算模型有较大范围的适用性,对含 AP 且不超过 30%的固体推进剂均可适用。通过对以上各表格的比较,我们绘制了统计图,如图 5-20 所示。

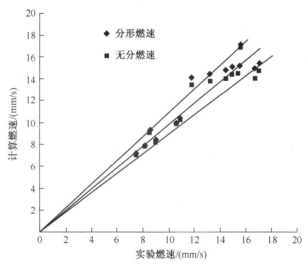

图 5-20　在 6.88MPa 压力下分形与无分形计算燃速与实验值的比较(彩色版本见彩插)

　　该图表明用分形理论修正过的燃速计算结果比原始价电子燃烧模型燃速计算值更接近实验值,精确度有了较大的提高(基本上有 90%以上是控制在误差为 10%以内),这也说明了用改进后的价电子燃烧模型进行燃速预估计算,其方法是正确的、可行的,所建立的模型以及公式的推导也是正确的,编出的程序软件是可靠的。

2. 假设(想)推进剂的燃速模拟计算研究

1)纯 RDX、BTTN 假想推进剂的计算燃速

经过以上与实验数据的比较,已证明该模拟计算程序是可靠的,现与文献[23]中绘出的纯 RDX、BTTN 等假想推进剂压力与燃速的关系图进行了比较,如图 5-21~图 5-23 所示;图 5-21 是文献[23]所绘制的图。

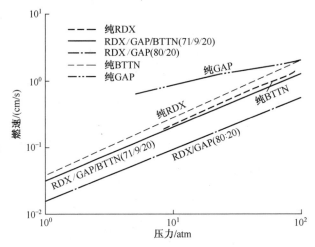

图 5-21　RDX、BTTN 等推进剂在室温下压力与燃速的关系图

用改进后的价电子模型编制的高能推进剂燃速模拟计算程序,试算了纯 RDX、BTTN 假想推进剂在不同压力下的燃速,并用这些数据绘制了图形,其结果与文献[23]中纯 RDX、纯 BTTN 的图形线斜率(n)和数值都很接近,见图 5-22、图 5-23。

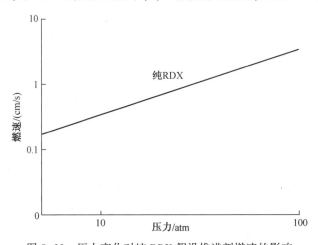

图 5-22　压力变化对纯 RDX 假设推进剂燃速的影响

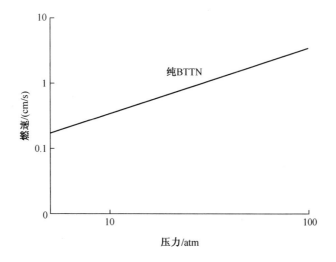

图 5-23　压力变化对纯 BTTN 假设推进剂燃速的影响

　　这说明价电子燃烧模型具有普适性,对含 RDX 的复合改性双基推进剂,也能进行燃速模拟计算。

　　现用该模拟计算程序对 AP/RDX/CMDB 推进剂做进一步的研究。

　　2) AP/RDX/CMDB 推进剂粒径对燃速的影响

　　假设一组配方,在其他组分不变的情况下来研究组分的粒径对燃速的影响。现以表 5-13 中第 3 号配方为例来研究。

　　在其他组分都不变的情况下,改变 AP 的粒径,计算出的结果见表 5-17。

　　假设一组配方,在其他组分不变的情况下来研究组分的粒径对燃速的影响。改变 AP 的粒径,计算出的结果和绘出的图形见表 5-17、图 5-24。

表 5-17　CMDB 推进剂中 AP 粒径的变化对燃速的影响

AP 粒径 /μm	不同压力下的燃速/(mm/s)					压力指数
	2.94	4.9	5.88	6.86	9.8	n
$D_{AP} = 10$	9.80	12.86	14.28	15.63	19.47	0.568
$D_{AP} = 100$	6.07	8.33	9.39	10.41	13.36	0.653
$D_{AP} = 135$	5.78	7.93	8.94	9.93	12.77	0.657
$D_{AP} = 245$	5.19	7.17	8.11	9.03	11.69	0.673
注:压力单位为 MPa,燃速为用价电子-分形燃烧模型计算的燃速						

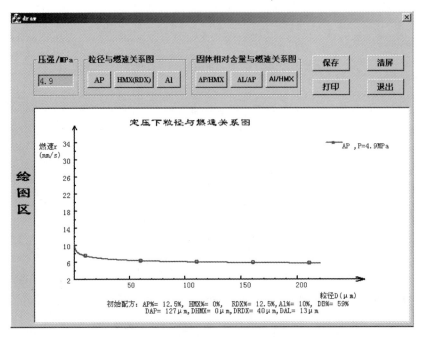

图 5-24　定压条件下 CMDB 推进剂中 AP 粒径的变化对燃速的影响

从我们对数据的统计图中可以看出,减少 AP 的粒径能有效地提高燃速,降低压力指数。燃速随 AP 粒径的增大而迅速降低。该图与文献[16-17]的实验结果一致,也是燃速随 AP 粒径的增大而迅速降低。

3) AP/RDX/CMDB 推进剂中 RDX 粒径对燃速的影响

同样,我们还以 AP/RDX/CMDB 的配方来研究在其他组分不变的情况下改变 RDX 的粒径对燃速的影响,详见表 5-18、图 5-25、图 5-26。

表 5-18　定压条件下 CMDB 推进剂中 RDX 粒径的变化对燃速的影响

RDX 粒径 /μm	不同压力下的燃速/(mm/s)					压力指数
	2.94	4.9	5.88	6.86	9.8	n
$D_{RDX} = 10$	5.79	7.96	8.99	9.99	12.85	0.661
$D_{RDX} = 20$	5.80	7.98	9.01	10.00	12.86	0.659
$D_{RDX} = 40$	5.84	8.01	9.03	10.03	12.89	0.656
$D_{RDX} = 100$	5.94	8.10	9.12	10.12	12.97	0.647

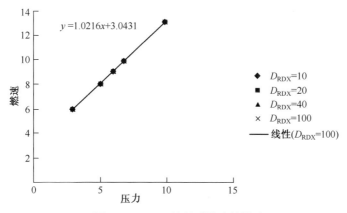

图 5-25　RDX 粒径对燃速的影响

注:压力单位为 MPa,燃速为分形燃烧

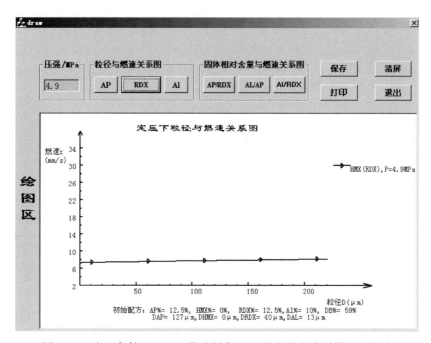

图 5-26　定压条件下 CMDB 推进剂中 RDX 粒径的变化对燃速的影响

　　从图 5-26 我们看到,增大 RDX 粒径,燃速有所提高,但都没有 AP 粒径变化对燃速的影响明显,改变的幅度较小。从上面的数据还可以知道,随着压力的增大,RDX 粒径变化对燃速的影响也增大,而暗区对压力又是很敏感的,因此该模型引进 RDX 粒径对暗区的影响原理来反映 RDX 粒径对燃速的影响,这个变化规律与国外文献报道的一致。

4）HMX 粒径变化对推进剂燃速及压力指数的影响[24-25]

由表 5-19 和表 5-20 可以看出：HMX 粒径变化对推进剂燃速、压力指数几乎没有影响；HMX 含量增加，AP 含量相应减少，则燃速降低，压力指数升高。

表 5-19　HMX 粒径变化对推进剂燃速及压力指数的影响

HMX 粒径 /μm	不同压力下的燃速 r/（m/s）				压力指数 n
	2.94MPa	4.9MPa	6.86MPa	8.83MPa	
20	4.6358	6.6486	8.4912	10.243	0.719
40	4.6356	6.6482	8.4909	10.244	0.719
200	4.6347	6.6468	8.4935	10.267	0.721

表 5-20　AP/HMX/Al 相对含量对燃速及压力指数的影响

（AP/HMX/Al） /%	不同压力下的燃速 r/（m/s）				压力指数 n
	2.94MPa	4.9MPa	6.86MPa	8.83MPa	
17/40/18	4.9415	7.0517	8.9744	10.796	0.709
10/47/18	3.9259	5.714	7.3862	9.0212	0.754
24/40/11	5.7198	8.0784	10.206	12.206	0.688
17/47/11	4.9731	7.0933	9.0242	10.852	0.708

5）Al 粒径对燃速的影响

讨论 Al 粒径，在其他组分不变的情况下，同样以 AP-RDX-CMDB 的配方来研究改变 RDX 的粒径对燃速的影响，详见表 5-21、图 5-27、图 5-28。

表 5-21　定压条件下 CMDB 推进剂中 Al 粒径的变化对燃速的影响

Al 粒径 /μm	不同压力下的燃速 r/（mm/s）					压力指数 n
	2.94MPa	4.9MPa	5.88MPa	6.86MPa	9.8MPa	
$D_{Al}=15$	5.82	7.99	9.02	10.02	12.88	0.658
$D_{Al}=25$	5.75	7.93	8.96	9.96	12.83	0.664
$D_{Al}=35$	5.69	7.87	8.90	9.90	12.78	0.670
注：压力单位为 MPa，燃速为分形燃速						

从上面的表格和图形可以知道，Al 粒径的变化与 AP 的趋势是一样的，增大粒径会降低燃速，没有 AP 那么明显，但 Al 粒径对燃速的影响比 RDX 要明显，图 5-28 是该模型研究 Al 粒径变化的曲线图。

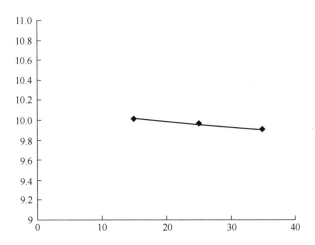

图 5-27　CMDB 推进剂中 Al 粒径的变化对燃速的影响

注:该关系图的数据来源压力为 6.86MPa 的数据。

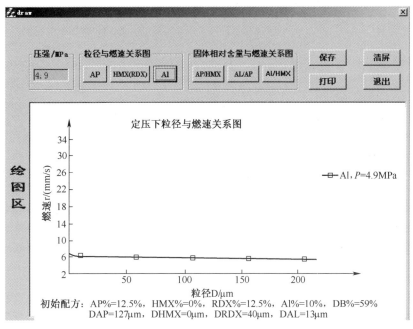

图 5-28　定压条件下 CMDB 推进剂中 Al 粒径与燃速的关系图

3. CMDB 假设推进剂中组分相对含量对燃速的影响

研究各个组分的相对含量对燃速的影响,假定一组配方,设 $D_{\mathrm{AP}} = 127\mu\mathrm{m}$, $D_{\mathrm{RDX}} = 40\mu\mathrm{m}$, $D_{\mathrm{Al}} = 13\mu\mathrm{m}$, AP% + RDX% + Al% = 57%, NG% = 19%, NC% =

15%,TA% = 6%。那么变化的 AP/RDX/Al 的相对含量的关系见表 5-22、图 5-29、图 5-30。

表 5-22 定压条件下 CMDB 推进剂中 AP/RDX/Al 组分的相对含量对燃速影响

(AP/RDX/Al) /%	不同压力下的燃速 r/(mm/s)					压力指数 n
	2.94MPa	4.9MPa	5.88MPa	6.86MPa	9.8MPa	
12/35/10	5.02	7.19	8.20	9.19	12.08	0.724
30/17/10	7.64	10.62	12.00	13.31	17.04	0.665
12/30/15	5.16	7.28	8.29	9.27	12.08	0.705
25/17/15	7.19	9.95	11.24	12.48	15.98	0.662

注:压力单位为 MPa,燃速为用分形燃速

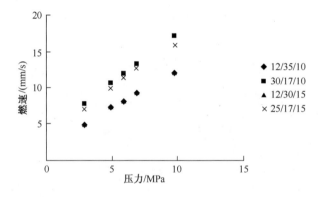

图 5-29 CMDB 推进剂中 AP、RDX、Al 组分的相对含量对燃速的影响图

图 5-30 是用价电子燃速模型计算所画的关系图。从上面的数据和图形可分析归纳如下:从 12/35/10 到 12/30/15 的比较显示,增大 Al 的含量是以减少 RDX 的含量为代价,使燃速增加;而 30/37/10 到 25/17/15 的比较则显示,增大 Al 的含量是以减少 AP 的含量为代价,使燃速降低。

至此,已完成了价电子燃烧模型的改进、完善,编制了程序,形成使用方便、快捷的软件包,能对中、高、低燃速的各类推进剂进行燃速模拟计算,并达到较高的精度,根据催化剂的不同特色,适当地调整浮动参数,即可实现燃速的模拟计算,这对固体推进剂的配方调节和燃烧性能的改进、完善有指导作用,由前面的计算也得到了证实。现就改进后的价电子燃烧模型的创新做一简要归纳:

(1) 从化学本质出发,提出了完全创新的价电子燃烧模型;认为推进剂的燃烧过程就是推进剂中氧化剂和燃料(黏合剂)的氧化还原过程,也就是价电子转移的过程,用质量守恒、能量守恒、阿累尼乌斯化学动力学方程,结合某些假设,

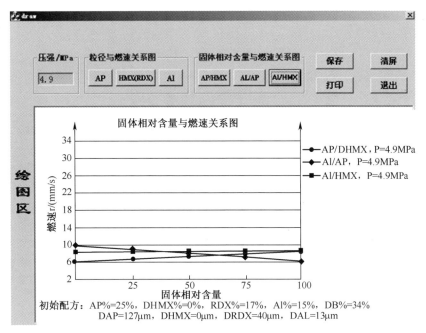

图 5-30　CMDB 推进剂中 AP、RDX、Al 组分的相对含量对燃速的关系图

建立起价电子燃烧物理、化学模型,推导出数学公式。

(2) 用温度随时间的变化率来表示 AP 爆燃,并给出了数学表达式。前人认为推进剂燃速受控于 AP 的分解速度,我们则认为推进剂燃速受控于连续项的黏合剂。

(3) 根据 Boggs 等所做燃速随压力变化的实验结果,提出如下观点:AP 在低压和高压下的爆燃有不同机理。低压下,AP 首先熔融、分解,并进一步相互作用,所需热量主要由凝聚相放热反应提供;高压下,AP 直接发生固相分解并气化,所需热量几乎全由气相热传导提供。

(4) 用价电子燃烧模型编制燃速模拟计算程序(及其软件包),在计算机上能方便、快速地进行燃速模拟计算,最早实现固体推进剂燃速定量计算。

(5) 用模拟计算程序对推进剂配方进行计算,计算燃速值与 Boggs 等的实验结果符合较好,因而该模型可在 10~800atm 范围内模拟 AP 爆燃过程,该压力范围,符合绝大多数推进剂使用的压力范围,对推进剂燃烧性能研究有促进和指导作用。

该价电子燃烧模型,具有原理正确、数学公式推导合理、浮动参数少、程序简短、计算精度较高等特点,是我国最早建立的具有独立知识产权的、较实用的燃速模拟计算方法,也说明该燃烧模型、物理化学理论、数学公式推导、编程技术是合理的、先进的,已在航天、航空、兵器等相关单位使用,具有宽广的应用前景。

参 考 文 献

[1] 赵银,田德余,江瑜.固体推进剂燃烧模拟研究[C].国际宇联 37 届年会,1986.

[2] 赵银,田德余,江瑜. 含铝复合推进剂的燃烧模拟计算[J]. 航空动力学报,1987.2(2):147-152.

[3] 赵银,田德余,江瑜.复合固体推进剂的燃烧模型及模拟计算[J].计算机与应用化学,1987,4(3): 245-246.

[4] 赵银,田德余,江瑜.高氯酸铵(AP)爆燃的模拟研究[J].计算机与应用化学,1987,4(1):77-78.

[5] 赵银,田德余,江瑜.高氯酸铵(AP)爆燃的模拟[J].国防科技大学学报,1988,10(3):39-47.

[6] 赵银,田德余,江瑜. AP 复合固体推进剂燃烧模型[J].宇航学报,1988,10(4):15-22.

[7] 田德余,赵银.丁羟推进剂燃烧模拟计算及图像表示法[J].兵工学报,1990,1:36-41.

[8] 赵银,田德余,江瑜.“AP/HTPB/Al/催化剂”推进剂燃烧模拟计算方法[J]. 推进技术,1990,3(1): 54-61.

[9] 周力行.湍流气粒两相流动和燃烧的理论与数值模拟[M]. 北京:科学出版社,1994.

[10] Cohen N S. Review of Composite Propellant Burn Rate Modeling [J]. AIAA Journal,1980,18(3):277- 293.

[11] Miller R R.Donohue M T,Peterson J P.Ammonium/Perchlorate Size Effects on Burn Rate—Possible Mod- ification byBinder Type[C].[S.l.]:Proceedings of 12th JANNAF Combustion Meeting,CPIA Publication 273,1975.

[12] Miller R R, Donohue M T, Yount R A, et al. Control of Solids Distribution in HTPB Propellants[C]. Cumberland:AFRPL-TR-78-14,Hercules Inc., Allegheny Ballistics Laboratory,1978.

[13] Sammons G D. Solid Propellant Combustion Modeling[C]. [S.l.]:Proceedings of 10th JANNAF Combus- tion Meeting,CPIA Publication 243,1973.

[14] Sammons G D. Scientific Report:Multiple Flame Combustion Model FortranIV Computer Program[R]. [S.l.]:Report R-4827,Rocketdyne Div.,Rockwell/International Corp.,1974.

[15] Beckstead M W ,McCarty K P. Calculated Combustion Characteristics of Nitramine Monopropellants[C]. [S.l.]:Proceedings of 13th JANNAF Combustion Meeting,CPIA Publication 281,1976.

[16] Renie J P,Condon J A,Osborn J R. Oxidizer Size Distribution Effects[C].[S.l.]: Proceedings of 14th JANNAF Combustion Meeting,CPIA Publication 292,1977.

[17] Marvastim M A,Strahle W C. Burning Rate Prediction of Composite Solid Propellants Using Fractal Geom- etry[J]. Combust. Sci. and Tech,1992,83:291-304.

[18] Anouchehr N,Mohammad B B. The Use of Fractal for Prediction of Burning Rate of Composite Solid Pro- pellants[J].Journal of Thermal Science,2000,9(4):361-364.

[19] 刘静峰. 硝胺推进剂燃速模拟计算与催化实验研究[D]. 长沙:国防科技大学,1996.

[20] 林文强. 分形理论在复合改性双基推进剂燃速模拟计算中的应用[D]. 深圳:深圳大学,2004.

[21] 谭淑梅. 分形理论在 NEPE 推进剂燃速模拟计算中的运用[D]. 深圳:深圳大学,2004.

[22] 唐立荣. 复合固体推进剂的价电子-分形模型燃烧模拟计算[D]. 深圳:深圳大学,2004.

[23] Jae-Kun Yoon,Piyush Thakre. Vigor Yang Modeling of RDX/GAP/BTTN pseudo-propellant combustion

[J]. Combustion and Flame ,2006,145:300-315.

[24] 刘剑洪,田德余,等. 价电子-分形燃烧模型燃速模拟计算[J]. 推进技术,2005,26(3),284-288.

[25] 张小平,刘剑洪,田德余,等. 价电子分形燃烧模型在高能固体推进剂中的应用[J]. 固体火箭技术,2007,30(5):412-415.

[26] Liu J F,Tian D Y,Hong W L. Burning Rate Prediction of Composite Solid Propellants Using Valence Electrons Fractal Combustion Model[C]//36th Int and 32nd Int. Germany:Karlsruhe,2005.

第6章　推进剂燃烧性能的计算研究

按照价电子-分形燃烧模型原理和计算公式编制了燃速预估程序,对压力为6MPa、7MPa、15MPa的部分固体推进剂实验配方进行了燃速预估,这些测试实例反映了含有不同含量和粒径的AP、HMX及部分燃烧催化剂(包括正负催化剂)对固体推进剂燃烧性能的影响规律[1-23],测试目标为6MPa、7MPa或15MPa下部分推进剂静态燃速(单位:mm/s),表6-1~表6-3列出了实测燃速与计算燃速的比较。

表6-1 固体推进剂燃速测试的配方-1

编号	HTPB	DOS	A_3	AP_1	AP_2	AP_3	AP_4	HMX	Al	Ct_1	Ct_3
H-1	9.4	3		30.6		31	13.8		12	2.0	3.5
H-2	9.6	3		50.5		12	10		12	1.5	2.7
H-3	9.5	3		50.15		12.1	9		15		2
H-4	8.8	3.1		40	16			15	17		
H-5	7.6	2.5			28			10.9	19	2.8	
H-6	7.1	2.3	18		40.5			15	17	4	
H-7	7.6	2.5			32.3			15	17	3.5	

表6-2 固体推进剂燃速测试的配方-2

编号	PET	A_3	AP_1	AP_3	AP_4	Al	Ct_2	Ct_4
PET-1	7.03	11.38	40.6	17	3	19	0.5	1.5
PET-2	4.03	11.38	38.6	17	8	ᵃ19	0.5	1.5
PET-3	10.03	11.38	35.6	17	5	19	0.5	1.5
PET-4	7.03	11.38	33.6	17	10	19	0.5	1.5
PET-5	7.03	11.38	39.1	17	5	19	0.5	1
PET-6	7.03	11.38	38.1	17	5	19	0.5	2
PET-7	7.03	11.38	37.1	17	5	19	0.5	3
PET-8	7.03	11.38	36.1	17	5	19	0.5	4

注:AP_1,40~60目435.3μm;AP_2,60~80目280μm;AP_3,100~140目146.7μm;AP_4,8~11μm或6~8μm;Al,29~30μm或13μm;HMX,30μm或40μm;Ct_1~Ct_4为不同的燃速催化剂

116

表 6-3　固体推进剂测试配方实测燃速与计算燃速的比较

编号	压力/MPa	燃速/(mm/s)		相对误差/%
		实测	计算	
H-1	6	8.0	7.633	-4.81
H-2	6	4.8	5.347	10.23
H-3	6	5.85	5.387	-8.59
H-4	7	5.66	5.632	-0.50
H-5	7	16.88	16.68	-1.20
H-6	7	14.58	15.55	6.24
H-7	7	12.6	18.37	-31.41
PET-1	15	9.35	8.538	-9.51
PET-2	15	9.2	8.701	-5.73
PET-3	15	8.78	8.599	-2.10
PET-4	15	8.9	8.802	-1.11
PET-5	15	8.24	8.599	4.17
PET-6	15	9.17	8.599	-6.64
PET-7	15	9.15	8.579	-6.66
PET-8	15	6.94	8.579	19.1

由表 6-1~表 6-3 可以看出:

(1) 在 6MPa 压力条件下,丁羟推进剂的燃速实测值与计算值大部分相对误差小于 10%。

(2) 在 7MPa 压力条件下,含 HMX 的丁羟推进剂燃速实测值与计算值 75% 的相对误差小于 10%。

(3) 在 15MPa 压力条件下,PET 为黏合剂的推进剂燃速实测值与计算值的相对误差为 20% 以下,绝大多数相对误差小于 10%。

6.1　推进剂中固体填料对燃速及压力指数的影响

推进剂中固体填料对燃速及压力指数的影响是巨大和明显的[1-6],现分述如下。

6.1.1　AP 粒径和含量变化对燃速、压力指数的影响

假定一组初始配方:AP = 75%, HTPB = 11%, $D_{Al} = 15\mu m$, Al = 13%, $T_0 =$ 293.15K,计算结果如表 6-4 所列。图 6-1 为粒径与燃速的关系图。

表6-4　某丁羟复合推进剂 AP 粒径变化对燃速及压力指数的影响表

AP 粒径	不同压力下的燃速/(mm/s)					压力指数
/μm	4.0MPa	5.5MPa	7.0MPa	8.5MPa	10.0MPa	n
$D_{AP}=0.5$	36.50	43.13	49.03	54.39	59.35	0.430
$D_{AP}=10$	18.50	21.46	24.07	26.42	28.55	0.473
$D_{AP}=135$	9.392	11.10	12.61	13.95	15.14	0.522
$D_{AP}=245$	7.462	8.983	10.33	11.55	12.64	0.576

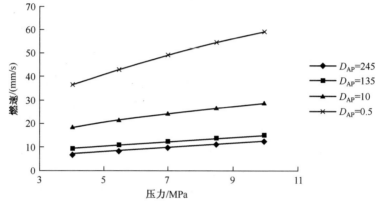

图6-1　AP 粒径与燃速关系图

从表6-4和图6-1中可以看出,减小 AP 的粒径可以提高燃速和降低压力指数,而且超细粒径的 AP 能够更加有效地提高燃速。

AP 粒径对燃速的影响是明显的、巨大的,从 AP 粒径与燃速关系如图 6-2 所示,AP 粒径越小,其燃速就越大。当 AP 粒径大于 $50\mu m$ 后,AP 粒径对燃速的影响就较小,该规律与大量实验结果是一致的。

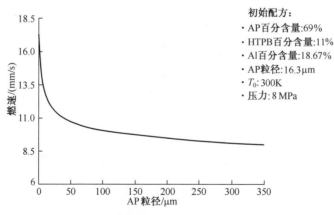

初始配方:
· AP百分含量:69%
· HTPB百分含量:11%
· Al百分含量:18.67%
· AP粒径:16.3μm
· T_0:300K
· 压力:8 MPa

图6-2　程序绘制的 AP 粒径与燃速关系图

6.1.2 Al 粒径、含量变化对燃速、压力指数的影响

假定初始配方：HTPB = 11%，Al = 14%，T_0 = 293.15K，D_{AP_1} = 135μm，AP_1 = 66%，D_{AP_2} = 7.6μm，AP_2 = 9%，某丁羟复合推进剂 Al 粒径变化对燃速及压力指数的影响见表 6-5，压力对不同 Al 粉粒径的推进剂燃速的影响见图 6-3。

表 6-5　某丁羟复合推进剂 Al 粒径变化对燃速及压力指数的影响表

Al 粒径 /μm	不同压力下的燃速/(mm/s)					压力指数 n
	4.0MPa	5.5MPa	7.0MPa	8.5MPa	10.0MPa	
D_{Al} = 15	9.894	11.66	13.22	14.60	15.83	0.514
D_{Al} = 25	9.743	11.51	13.07	14.46	15.70	0.521
D_{Al} = 35	9.608	11.37	12.94	14.33	15.57	0.528

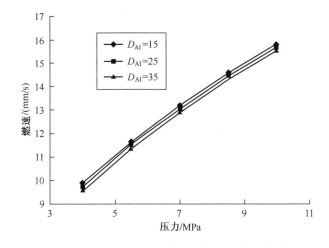

图 6-3　压力对不同 Al 粉粒径的推进剂燃速的影响

Al 粉的粒径增大，燃速降低，压力指数升高，但是 Al 粉粒径对燃速的影响不明显，见图 6-4。

从图 6-4 中可以看出，Al 粉粒径对燃速影响不大，随着 Al 粉粒径的增大，燃速大小几乎不变。

6.1.3 AP/HTPB/Al 推进剂组分相对含量变化对燃速的影响

假定初始配方：D_{Al} = 15μm，T_0 = 293.15K，D_{AP_1} = 135，D_{AP_2} = 7.6。计算结果见表 6-6，AP/HTPB/Al 相对含量对燃速的影响如图 6-5 所示。

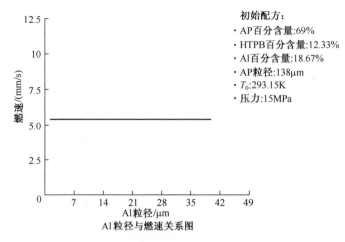

初始配方:
・AP百分含量:69%
・HTPB百分含量:12.33%
・Al百分含量:18.67%
・AP粒径:138μm
・T_0:293.15K
・压力:15MPa

图 6-4　程序绘制的 Al 粒径与燃速关系图

表 6-6　AP/HTPB/Al 推进剂组分相对含量变化对燃速的影响

| （AP/HTPB/Al） | 不同压力下的燃速（mm/s） | | | | | 压力指数 |
/%	4.0MPa	5.5MPa	7.0MPa	8.5MPa	10.0MPa	
75/11/14	9.227	10.95	12.49	13.85	15.07	0.0536
60/26/14	8.041	9.520	10.82	11.99	13.02	0.527
75/6/19	9.641	11.46	13.08	14.52	15.80	0.540
70/11/19	9.074	10.01	11.55	12.93	14.14	0.556

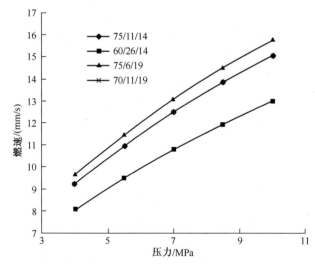

图 6-5　AP/HTPB/Al 相对含量对燃速的影响

从表 6-6 和图 6-5 中可以得到这样一个规律:Al 粉含量增大和 AP 含量减小,燃速降低,压力指数增大;HTPB 含量增大和 AP 含量减小,燃速和压力指数同时降低;增大 Al 粉含量和减小 HTPB 含量,燃速和压力指数同时升高。

6.2 燃气发生剂的燃速计算研究

6.2.1 丁羟燃气发生剂配方计算燃速与实验燃速的对比

由表 6-7 可以看出,燃气发生剂燃速预估值和实验值的相对误差全部在 15% 以下,绝大多数相对误差小于 10%,由前 6 个配方看:在配方组分相同时,降速剂 AO 含量增加,燃速略有降低,其变化在误差范围内不明显;后 6 组配方在其他组分不变时,粗粒径的 AP_1 含量降低,细粒径的 AP_3 含量相应增高,则燃速增大,符合客观规律。这对低燃速的燃气发生剂来说,其精度是相当高的,可进一步证明该软件对低燃速的燃气发生剂是适宜的、可信的。

表 6-7 丁羟燃气发生剂配方计算燃速与实验燃速的对比

序号	配方/%				燃速/(mm/s)		
	AP_1	AP_2	AP_3	AO	实验	计算	相对误差/%
1	42	0	19.5	8.5	7.92	7.052	14.18
2	42	0	19.5	9.0	7.75	7.056	8.95
3	42	0	19.5	9.5	7.59	7.056	7.04
4	42	0	19.5	10	7.54	7.056	6.42
5	42	0	19.5	10.2	6.91	7.056	2.11
6	42	0	19.5	11.0	6.73	7.056	4.84
7	41	5	22.3	1.2	7.02	6.607	5.88
8	36	5	27.3	1.2	7.21	7.061	2.07
9	31	5	32.3	1.2	7.53	7.568	0.50
10	26	5	37.3	1.2	7.82	8.180	4.4
11	21	5	42.3	1.2	8.06	8.879	9.22
12	16	5	47.3	1.2	8.31	9.718	14.49

注:①AP、AO 粒径同上;②Al 含量为 18.5%,粒径为 30μm;③HTPB 为 12%

6.2.2 丁羟推进剂配方中AP与草酸铵(AO)含量变化对燃速的影响

1. 丁羟推进剂配方中草酸铵含量变化对燃速的影响

丁羟推进剂中AP_1含量减少时相应增加催化剂AO的含量,燃速降低、压力指数下降,详见表6-8。

表6-8　丁羟基推进剂中AP_1和AO含量变化对燃速的影响

序号	AP_1	AO	燃速 $r_{计}$(6.0MPa)/(mm/s)	压力指数 $n_{计}$(4~8MPa)
1	27(225)	2.5	7.1735	0.3903
2	24(225)	5	6.0305	0.3064
3	22(225)	7.5	4.6733	0.2678
4	19.5(225)	10	3.54	0.2365
注:Al 为 17.3%、HTPB 为 13%、AP_2 为 38%、AP_3 为 2.5%				

2. 丁羧燃气发生剂配方计算燃速与实验燃速的对比

由计算得知:丁羧燃气发生剂配方计算燃速与实验燃速吻合得较好,绝大部分相对误差在15%以下,丁羧燃气发生剂配方计算燃速与实验燃速的对比详见表6-9。

表6-9　丁羧燃气发生剂配方计算燃速与实验燃速的对比

序号	配方/%						燃速/(mm/s)		
	CTPB	AP_1	AP_4	DHG	CuO	其他	实验	计算	相对误差/%
1	12.2	31	12	32	0.05	12.75	1.8	1.856	3.02
2	13.2	30	13	34	0.1	9.7	2.2	2.32	5.17
3	13.3	23	15	39.5	0.1	9.1	2.7	2.742	1.53
4	13.2	23	15	42	0.1	6.7	3.0	2.637	13.77
5	13.2	25	15	40.3	0.2	6.1	3.3	3.436	3.96
6	13.1	25	14	41.5	0.3	6.1	3.6	4.345	17.15
7	13.1	22	14	45.4	0.6	4.9	4.2	4.584	8.38
8	15.2	34	14	27	0.3	9.5	5.1	4.162	18.39
9	15.3	28	20	30	0.8	5.9	5.5	6.066	9.33
10	12.1	24	20	37	1.0	5.9	7.6	7.633	0.43
注:①燃速为 7.0MPa 压力下的燃速;②AP_1 为 435.3μm,AP_2 为 285.7μm,AP_3 为 146.7μm,AP_4 为 8.12μm;③AO、CuO、DHG 粒径暂定为 6μm									

6.2.3 不含催化剂的丁羟推进剂计算燃速、压力指数与实验值的比较

由表 6-10、图 6-6 对不含催化剂的丁羟推进剂计算燃速、压力指数与实验值的比较可知,价电子分形模型计算的燃速、压力指数与实验值大体相当,相对误差小于 10%。

表 6-10 不含催化剂的推进剂计算燃速与实验燃速的比较

AP$_1$		AP$_2$		AP$_3$		AP$_4$		燃速/(mm/s)		压力指数		相对误差 I	
粒径/μm	质量分数/%	粒径/μm	质量分数/%	粒径/μm	质量分数/%	粒径/μm	质量分数/%	分形计算	实验值	相对误差 Δr/%	分形计算	实验值	Δr/%
335.0	9.02	242.0	36.05	138.0	18.02	7.6	6.31	7.043	7.051	−0.1	0.452	0.4561	−0.8
335.0	8.9	242.0	35.59	138.0	17.79	7.6	7.12	7.116	7.073	0.6	0.451	0.4730	4.6
335.0	9.13	242.0	36.53	138.0	18.26	7.6	5.48	6.97	7.023	−0.8	0.454	0.4753	−4.4
335.0	8.68	242.0	34.7	138.0	17.34	7.6	8.68	7.257	7.364	1.4	0.449	—	—
340.0	7.8	243.0	31.19	140.0	15.59	7.6	14.8	7.827	7.88	−0.7	0.443	0.4610	−3.9
340.0	9.64	243.0	38.55	140.0	19.28	7.6	11.93	6.659	6.98	−4.6	0.463	0.4450	4.0

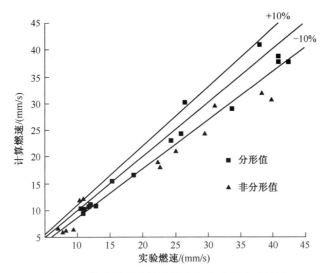

图 6-6 推进剂理论计算燃速与实验燃速比较图

1. 含催化剂的推进剂计算燃速与实验燃速的比较

(1) 含二茂铁 At 催化剂的燃气发生剂配方计算燃速与实验燃速的对比。

表 6-11 为含二茂铁 At 的燃气发生剂配方计算燃速与实验燃速对比表。

表 6-11　含二茂铁 At 的燃气发生剂配方计算燃速与实验燃速的对比

序号	配方/%							燃速/(mm/s)		
	HTPB	AP$_1$	AP$_2$	AP$_3$	AP$_4$	Al	At	实验	计算	相对误差/%
3-1-1	12	12	12	36	9.5	18.5	0.1	8.36	8.306	0.65
3-1-2	12	12	12	36	9.5	18.5	0.2	8.99	8.410	6.56
3-1-3	12	12	12	36	9.5	18.5	0.3	9.21	8.497	7.74
3-1-4	12	12	12	36	9.5	18.5	0.4	9.23	8.601	6.81
3-1-5	12	12	12	36	9.5	18.5	0.5	9.7	8.688	10.43
4-1-1	12	27		42.5		18.5	0.4	8.53	11.15	25.8
4-1-2	12	30		39.5		18.5	0.4	8.8	11.04	20.28
4-1-3	12	33		36.5		18.5	0.4	9.04	10.58	14.55
4-1-4	12	36		33.5		18.5	0.4	8.82	10.16	13.19
4-1-5	12	39		30.5		18.5	0.4	8.98	9.758	7.97
5-1-1	12			48	20	18.5	2.0	15.76	14.99	4.9
5-1-2	12			50	18	18.5	2.0	14.94	14.28	4.42
5-1-3	12			52	16	18.5	2.0	14.38	13.61	5.35
5-1-4	12			54	14	18.5	2.0	13.66	13.00	4.83

注:①AP 粒径同上;②Al 粒径为 30μm,含量为 18.5%;③HTPB 含量为 18.5%

(2) 含催化剂 Ct$_1$ 及 Ct$_2$ 的推进剂计算燃速与实验燃速的比较。

表 6-12 为含催化剂 Ct$_1$ 及 Ct$_2$ 的推进剂计算燃速与实验燃速的比较。

表 6-12　含催化剂 Ct$_1$ 及 Ct$_2$ 的推进剂计算燃速与实验燃速的比较

压力/MPa			5.6	5.6	7.0	5.6	6.0	6.0	6.0	6.0
级配			4	4	4	2	3	3	3	2
催化剂	类型		Ct$_1$	Ct$_1$	Ct$_1$	Ct$_1$	Ct$_2$	Ct$_2$	Ct$_2$	Ct$_2$
	质量分数/%		0.5	0.4	0.5	0.5	3.3	4.0	3.5	3.7
AP	1	粒径/μm	355	355	355	360	225	225	225	225
		质量分数/%	12.1	26	26	41.4	18	18	18	28
	2	粒径/μm	225	225	225	7	125	125	125	4.86
		质量分数/%	31.3	13.4	13.4	27.6	20	20	20	51
	3	粒径/μm	125	125	125		9.8	9.8	9.8	
		质量分数/%	17.4	17.4	17.4		34	34	34	
	4	粒径/μm	8	8	8					
		质量分数/%	8.7	12.7	12.7					

（续）

燃速/（mm/s）	分形	10.00	10.47	10.51	11.02	37.85	37.85	38.88	41.15
	实验结果	10.22	9.74	10.40	11.25	37.84	36.58	36.49	34.0
	$\Delta r/\%$	-2.15	7.49	0.96	-2.04	0.03	3.47	6.55	21.91
压力指数	分形	0.503	0.514	0.500	0.586	0.361	0.361	0.362	0.37
	实验结果	0.488	0.511	0.509	0.540	0.377	0.356	0.388	0.32
	$\Delta r/\%$	3.07	0.59	-1.77	8.44	-0.44	1.40	-6.70	15.62
注：Ct_1 为催化剂 1；Ct_2 为催化剂 2									

由表 6-11、表 6-12 及图 6-6 可以看出：燃速模拟计算结果和实验值吻合得较好，价电子-分形模型计算出的燃速更符合实际，更接近于实验值。

6.2.4　AP 粒径对燃速的影响

图 6-7 和图 6-8 中，AP 含量占推进剂的 69%，HTPB 和 Al 均占一定量，$T_0 = 293.15K$，压力为 7MPa。由图 6-7 可以看出随着 AP 粒径的减小，燃速提高，粒径小于 20μm 以下，燃速大幅度提高。由图 6-8 可以看出 Al 粉的粒径变化对燃速几乎无影响，这些与实验结果吻合，说明模拟计算是准确可靠的。

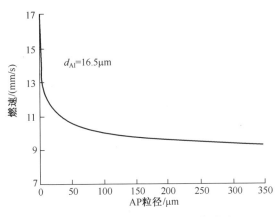

图 6-7　AP 粒径与燃速关系图

6.2.5　压力对燃速的影响

对含 Ct_2 复合固体推进剂的燃速随压力变化的影响进行计算，并绘制出图形，见图 6-9，随着压力的增大，燃速增大。

其大致配方如下：HTPB 含量为 12.7%，AP 含量为 79%，Al 含量为 5%。

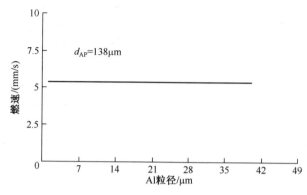

图 6-8　Al 粒径与燃速关系图

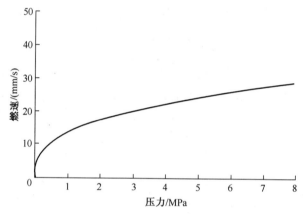

图 6-9　含催化剂 Ct_2 推进剂燃速与压力的关系

6.3　高能推进剂中等燃速计算研究

6.3.1　理论计算燃速与实验值的对比

为计算研究方便我们设计了 5 种 NEPE 高能推进剂配方,见表 6-13。其中含能增塑剂含量为 17.9%~18.42%,PEG 为 6.58%~7.11%。

表 6-13　NEPE 高能推进剂配方

配方	$S/\%$	P_L/P_0	AP_2	AP_2	AP_2	A_1	RDX_5	RDX_7
1	73	2.8	27	—	—	18	30	
2	73	2.8	—	27	—	18	28	
3	73	2.8	—	—	12	18	43	
4	73	2.8	—	55	12	18	—	—
5	73	2.8	12	—	—	—	20	41

对应于表6-13配方的计算燃速及压力指数与实验值的比较如表6-14所列。

表6-14 对应于表6-13配方的计算燃速及压力指数与实验值的比较

项 目		不同压力下的燃速/(mm/s)						压力指数
		2.94MPa	4.9MPa	5.88MPa	6.86MPa	8.82MPa	9.8MPa	
1	实验结果	5.09	7.09	—	8.66	10.14	11.18	0.61
	计算结果	5.13	7.11	8	8.85	10.47	11.25	0.651
	$\Delta r/\%$	0.8	0.3		2.2	3.2	0.6	6.7
2	实验结果	6.029	8.231	—	9.994	11.71	12.98	0.59
	计算结果	5.83	8.03	9.02	9.96	11.73	12.58	0.638
	$\Delta r/\%$	-4.3	-2.4		-0.3	0.2	-3.1	8.1
3	实验结果	7.13	9.81	—	12.09	13.91	15.77	0.61
	计算结果	6.68	9.14	10.24	11.26	13.24	14.16	0.624
	$\Delta r/\%$	-6.3	-6.8		-6.8	-4.8	-10	2.3
4	实验结果	9.69	12.34	—	14.49	16.51	17.39	0.48
	计算结果	9.09	12.32	13.76	15.11	17.63	18.82	0.604
	$\Delta r/\%$	-6.2	-0.2		4.3	6.7	8.2	25.8
5	实验结果	3.63	5.57	—	6.97	8.33	9.52	0.75
	计算结果	3.53	5.17	6.07	7.0	8.9	9.85	0.855
	$\Delta r/\%$	-2.7	-7.2		0.4	6.8	3.5	14

燃速计算结果与实验值的比较如图6-10所示。

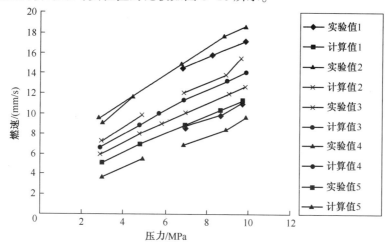

图6-10 燃速计算结果与实验值的比较图[26]

由表6-14和图6-10可以看出:高能固体推进剂计算燃速与实验数据吻合得很好,大多数误差在10%以内。

6.3.2　粒径对推进剂燃速的影响

1. AP 粒径对燃速的影响

设定一组配方,其氧化剂 AP 含量为 15%,改变 AP 粒径,其他组分粒径和含量不变,计算结果见表 6-15。

表 6-15　AP 粒径对燃速及压力指数的影响

AP 粒径 /μm	不同压力下的燃速/(mm/s)				压力指数
	2.94MPa	4.9MPa	6.86MPa	8.83MPa	
0.5	13.036	17.721	21.772	25.464	0.608
10	7.2326	10.07	12.594	14.943	0.658
135	4.6357	6.6484	8.491	10.243	0.719
245	4.2332	6.119	7.861	9.535	0.736

从表 6-15 可看出,减小 AP 粒径可有效提高燃速,降低压力指数,且超细粒径的 AP 能更有效提高燃速。从燃烧模型中的 AP 燃速表达式也可看出,AP 粒径对燃速有很大影响。

2. HMX 粒径对燃速的影响

设定一组配方,其 HMX 含量为 40%,改变 HMX 粒径,不改变其他组分粒径和含量,计算结果见表 6-16。

表 6-16　HMX 粒径对燃速及压力指数的影响

HMX 粒径 /μm	不同压力下的燃速/(mm/s)				压力指数
	2.94MPa	4.9MPa	6.86MPa	8.83MPa	
20	4.6358	6.6486	8.4912	10.243	0.719
40	4.6356	6.6482	8.4909	10.244	0.719
200	4.6347	6.6468	8.4935	10.267	0.721

由表 6-16 可看出,增大 HMX 粒径,燃速反而有所提高,压力指数也增大,但对燃速影响没有 AP 明显。我们认为可能是 HMX 熔点较低,在燃烧时会发生熔化,这样减小了其燃烧面积,当粒径较大时,燃烧时可能会有一些 HMX 没有完全熔化,而 HMX 的分解比周围的 AP 组分慢,所以有可能被抛射出燃面,在气相组分中分解,使燃烧更快,同时受压力影响也增大,对暗区会产生影响,在计算模型中合理地引入了 HMX 粒径对暗区的影响因素来反映 HMX 粒径对燃速的影响,计算反映的变化规律与文献[25]的实验结果一致,HMX 粒径变化对推进剂燃速及压力指数的影响较小。

3. Al 粉粒径对燃速的影响

设定一组配方,其 Al 粉含量为 18%,改变 Al 粉粒径,其他组分粒径和含量不变,计算结果见表 6-17。

表 6-17　Al 粉粒径对燃速及压力指数的影响

Al 粒径 /μm	不同压力下的燃速/(mm/s)				压力指数
	2.94MPa	4.9MPa	6.86MPa	8.83MPa	
15	3.7431	5.4705	7.0935	8.6837	0.763
25	3.7421	5.4703	7.0858	8.6612	0.761
35	3.7410	5.471	7.0823	8.6481	0.759

由表 6-17 可看出,增大 Al 粉粒径,燃速降低,压力指数有略微降低,Al 粉粒径对燃速的影响比 HMX 要明显。

6.3.3　AP/HMX/Al 相对含量对燃速的影响

设定一组配方,$D_{AP} = 140\mu m$,$D_{HMX} = 40\mu m$、$D_{Al} = 15\mu m$、$W_{AP} + W_{HMX} + W_{Al} = 75\%$,含能增塑剂含量 18%、PEG 含量 7%。改变 AP/HMX/Al 的相对含量,计算推进剂的燃速和压力指数,结果见表 6-18。

表 6-18　AP/HMX/Al 相对含量对燃速及压力指数的影响

Al 粒径 /μm	不同压力下的燃速/(mm/s)				压力指数
	2.94MPa	4.9MPa	6.86MPa	8.83MPa	
15	3.7431	5.4705	7.0935	8.6837	0.763
25	3.7421	5.4703	7.0858	8.6612	0.761
35	3.7410	5.471	7.0823	8.6481	0.759

从表 6-18 可看出,若增大 Al 粉含量,减少 AP 含量,则燃速降低,压力指数升高;若增大 Al 粉含量,减少 HMX,则燃速升高,压力指数降低。经以上分析可得出:

(1) AP 含量和粒径是控制燃速最主要的因素。这同模型中的假设相符,AP 自身燃烧速度受粒径影响较大,同时 HMX 的存在对暗区有横向传递能量和物质作用,对暗区厚度影响很大,所以对燃速影响也较大。

(2) 减小 AP、Al 的粒径,适当增大 AP 含量是提高 NEPE 推进剂燃速的有效途径;同时 AP 粒径减小和含量增大可降低压力指数,超细粒径的 AP 尤为有效。

总之,通过对不同种类纳米铝粉自身性能的考察及对含不同类型纳米铝粉推进剂的燃烧性能和能量性能的研究,得出:

(1) 纳米铝粉的活性铝含量与燃烧热值均低于普通铝粉,活性铝含量越高,铝粉的燃烧热值越大。

(2) 在复合推进剂中添加纳米铝粉后,有利于提高推进剂的燃速,降低燃速压力指数。

(3) 在推进剂中添加纳米铝粉后,推进剂的爆热值降低,这主要是由于纳米铝粉的活性铝含量低所致,且随活性铝含量的增加,推进剂的爆热值增大。

(4) 要将纳米铝粉更好地应用于复合固体推进剂,必须提高纳米铝粉的活性铝含量。

6.4 高燃速推进剂燃速模拟计算

GFP 是二茂铁类型推进剂燃速催化剂的一种代号,它的中文名为 2,2-双乙基二茂铁基丙烷,中文别名为卡托辛,英文别名为 Catocene,化学式为 $C_{27}H_{32}Fe_2$[26],它提高燃速的效果明显,在高燃速推进剂中广泛应用。

丁羟推进剂中 GFP 的含量增加,AP_1 含量相应减少,燃速大幅度提高,但当 GFP 含量达到 5%以后,燃速增加缓慢,甚至会降低,详见表 6-19。

表 6-19　AP_1 与 GFP 含量变化对燃速的影响

序号	AP_1/%	GFP/%	燃速 $r_{计}$(6.0MPa)/(mm/s)	压力指数 $n_{计}$(4~8MPa)
1	19.9(225)	1	18.1276	0.3649
2	18(225)	2.9	39.4066	0.3928
3	15.9(225)	5	43.7602	0.4033
4	13.9(225)	7	41.9709	0.4097

注:HTPB=12.1%、Al=13.0%、AP_2=20%、AP_3=34%等含量不变。AP_1 括号内数字为粒径(单位为 μm),GFP 为 2,2-双乙基二茂铁基丙烷

由表 6-13、表 6-19 及图 6-10 中列出了不同氧化剂含量、黏合剂品种和含量、催化剂品种和含量的燃气发生剂或低燃速推进剂配方、NEPE 或中等燃速推进剂配方、高燃速推进剂配方、含与不含催化剂的推进剂配方,共有几十组配方的相对误差绝大部分在 15%以下,其中大部分相对误差在 10%以下,符合客观规律,是精度较高的燃速预估程序软件,对调整推进剂配方的燃速有辅助作用,是研制新燃气发生剂配方的好助手。

6.5 双基及复合改性双基推进剂的燃速模拟计算

6.5.1 HMX/HTPB 推进剂计算值与实验值和文献值的比较

我们用文献[24-25]中列出的 17 种 HMX/HTPB 推进剂配方和 51 个实验值进行了模拟计算,其结果与 Beckstead 等人的实验值吻合得很好,见表 6-20~表 6-22 及图 6-11~图 6-13。

表 6-20 HMX/HTPB 推进剂燃速计算值与实验值的比较

序号	压力/MPa	HMX 含量/%				HTPB 含量%	r_{ex}/(mm/s)	r_{cal}(mm/s)		E/%		压力指数	
		400μm	200μm	58μm	4μm			r_B	r_l	E_B	E_t	n_{ex}	n_l
1	4.1	70.00				30.00	0.51	0.71	0.60	-39.2	17.6		
	6.9	70.00	—	—	—	30.00	1.04	1.07	0.97	1.6	-6.7	0.816	0.998
	11.0	70.00				30.00	1.70	1.57	1.61	-7.8	-5.2		
2	4.1			70.00		30.00	1.22	1.19	1.22	-1.2	0.1		
	6.9	—	—	70.00	—	30.00	1.68	1.63	1.76	-3.5	4.7	0.618	0.698
	11.0			70.00		30.00	2.24	2.03	2.43	-9.1	8.4		
3	4.1				70.00	30.00	1.83	1.96	1.72	6.4	-6.0		
	6.9	—	—	—	70.00	30.00	2.54	2.62	2.45	3.5	-3.5	0.677	0.707
	11.0				70.00	30.00	3.56	3.45	3.46	2.7	-2.8		
4	4.1			35.0	35.0	30.00	1.78	1.91	1.83	7.8	2.8		
	6.9	—	—	35.0	35.0	30.00	2.41	2.64	2.41	9.6	0.1	0.591	0.578
	11.0			35.0	35.0	30.00	3.18	3.56	3.23	12.1	1.6		
5	4.1	35.0		35.0		30.00	1.07	1.20	1.14	12.0	6.5		
	6.9	35.0	—	35.0	—	30.00	1.45	1.50	1.52	3.4	4.8	0.618	0.584
	11.0	35.0		35.0		30.00	1.96	2.11	2.03	8.4	3.5		
6	4.1		23.33	23.33	23.33	30.00	1.52	1.78	1.52	16.2	0.1		
	6.9	—	23.33	23.33	23.33	30.00	2.11	2.44	2.06	16.0	-2.3	0.645	0.603
	11.0		23.33	23.33	23.33	30.00	2.87	3.30	2.77	14.7	-3.5		
7	4.1	78.00				22.00	1.37	1.30	1.29	-5.1	-5.8		
	6.9	78.00	—	—	—	22.00	1.85	1.98	1.83	7.0	-1.1	0.742	0.787
	11.0	78.00				22.00	2.84	2.95	2.81	3.5	-1.4		
8	4.1		78.00			22.00	1.32	1.47	1.32	11.1	0.1		
	6.9	—	78.00	—	—	22.00	1.85	1.88	1.91	1.2	3.2	0.657	0.620
	11.0		78.00			22.00	2.51	2.77	2.43	10.5	-3.2		
9	4.1			78.00		22.00	1.88	1.78	1.55	-6.1	-17.5		
	6.9	—	—	78.00	—	22.00	2.36	2.24	2.24	-5.3	-5.3	0.458	0.601
	11.0			78.00		22.00	2.95	2.57	2.80	-12.8	-5.1		
10	4.1				78.00	22.00	2.36	2.34	2.39	-0.7	1.3		
	6.9	—	—	—	78.00	22.00	3.25	3.20	3.26	-1.2	0.3	0.633	0.654
	11.0				78.00	22.00	4.39	4.24	4.56	-3.2	3.8		
11	4.1		39.00	39.00		22.00	1.78	1.47	1.60	-17.6	-10.1		
	6.9	—	39.00	39.00	—	22.00	2.34	1.85	2.16	-21.1	-7.6	0.541	0.589
	11.0		39.00	39.00		22.00	3.02	2.36	2.84	-22.0	-5.9		
12	4.1		26.00	26.00	26.00	22.00	2.13	2.13	2.08	0.1	-2.3		
	6.9	—	26.00	26.00	26.00	22.00	3.05	2.95	2.79	-3.4	-8.5	0.695	0.590
	11.0		26.00	26.00	26.00	22.00	4.22	3.96	3.71	-6.1	-12.1		

（续）

序号	压力/MPa	HMX 含量/%				HTPB 含量%	r_{ex}/(mm/s)	r_{cal}(mm/s)		E/%		压力指数	
		400μm	200μm	58μm	4μm			r_B	r_1	E_B	E_t	n_{cx}	n_1
13	4.1		28.50	28.50	28.50	14.50	2.62	2.59	3.10	-0.8	18.3	0.651	0.567
	6.9	—	28.50	28.50	28.50	14.50	3.63	3.58	4.14	-1.6	14.0		
	11.0		28.50	28.50	28.50	14.50	4.95	4.78	5.41	-3.4	9.3		
14	4.1		38.50	29.90	17.10	14.50	2.46	2.44	2.84	-0.8	15.4	0.630	0.567
	6.9	—	38.50	29.90	17.10	14.50	3.40	3.38	3.78	-1.1	11.1		
	11.0		38.50	29.90	17.10	14.50	4.57	4.52	4.95	-1.1	8.3		
15	4.1		42.75		42.75	14.50	2.64	2.67	3.17	1.0	20.0	0.641	0.601
	6.9	—	42.75	—	42.75	14.50	3.66	3.66	4.29	0.1	17.2		
	11.0		42.75		42.75	14.50	4.95	4.88	5.71	-1.3	15.3		
16	4.1		64.10		21.40	14.50	2.41	2.49	2.66	3.6	10.3	0.593	0.612
	6.9	—	64.10		21.40	14.50	3.28	3.45	3.63	5.1	10.6		
	11.0		64.10		21.40	14.50	4.32	4.62	4.85	6.9	12.2		
17	4.1		42.75	42.75		14.50	2.34	2.01	2.54	-14.1	8.5	0.667	0.550
	6.9	—	42.75	42.75	—	14.50	3.23	3.33	3.37	3.3	4.3		
	11.0		42.75	42.75	14.50	14.50	5.28	4.37	4.37	17.4	-2.9		

注：r_{ex}、r_B、r_1 分别为燃速实验值、Beckstead 的计算值和本模型的计算值，n_{cx}、n_1 分别为压力指数的实验值和本模型计算值，r_{cal} 为燃速计算值，E 为相对误差，E_B 为 Beckstead 的计算误差，E_1 为本模型计算燃速与实验值的相对误差

由表 6-20 可以看出：我们的计算值和文献值[24-25]吻合得很好，相对误差在 20%以内的计算值占 100%，相对误差在 15%以内的计算值占 90%，最大误差为 20%，而 Beckstead 等的相对误差在 20%以内的计算值占 96%，最大误差为 39.2%，我们的计算结果好于文献值。

为反映高压下 HMX 粒径对推进剂燃速的影响，对 5μm、200μm 两个粒径进行了计算，结果如图 6-11 所示。

由图 6-11 可以看出：总的来说 HMX 粒径对燃速影响不大，在 9MPa 左右 HMX 粒径变化对推进剂燃速无明显影响，两种推进剂的压力指数均为 0.83 左右，在 10MPa 左右有断点出现，粗粒径的 HMX 更明显，这与文献[14-17]的计算值与实验值吻合得很好。

6.5.2 HMX/AP/HTPB 推进剂燃速和压力指数计算值和实验值的对比

表 6-21 列出了 HMX/AP/HTPB 推进剂的配方组成，表 6-22 列出了推进剂燃速和压力指数的计算值和实验值的比较，图 6-12 为燃速计算值与实验值的比较，图 6-13 为压力指数的计算值和实验值的比较。

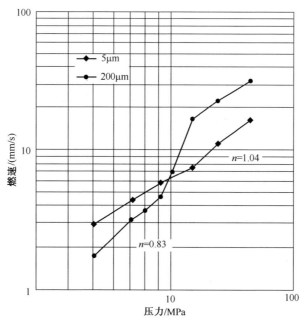

图 6-11　不同 HMX 粒径的燃速随压力的变化

表 6-21　HMX/AP/HTPB 推进剂配方组成

序号	HTPB 含量/%	HMX 含量/%				AP 含量/%					
		200μm	58μm	20μm	4μm	400μm	200μm	50μm	20μm	5μm	2μm
1	22.00	—	73.00	—	—	—	—	5.00	—	—	—
2	22.00	—	68.00	—	—	—	—	10.00	—	—	—
3	22.00	—	68.00	—	—	—	—	—	—	10.00	—
4	22.00	—	—	—	68.00	—	—	10.00	—	—	—
5	22.00	—	34.00	—	34.00	—	—	—	—	10.00	—
6	22.00	—	—	—	68.00	—	—	—	—	10.00	—
7	22.00	68.00	—	—	—	—	10.00	—	—	—	—
8	30.00		65.00	—	—	—	—	5.0	—	—	—
9	30.00	—	60.00	—	—	—	—	10.00	—	—	—
10	30.00	—	—	—	60.00	—	—	—	—	10.00	—
11	30.00	—	—	—	65.00	—	—	—	—	5.00	—
12	30.00	—	60.00	—	—	—	—	—	10.00	—	—
13	12.63	—	—	—	10.00	42.11	—	—	13.68	—	21.58
14	12.63	—	—	—	10.00	42.11	—	21.58	13.68	—	—

（续）

序号	HTPB 含量/%	HMX 含量/%				AP 含量/%					
		200μm	58μm	20μm	4μm	400μm	200μm	50μm	20μm	5μm	2μm
15	12.63	—	—	10.00	—	42.11	—	—	13.68	—	—
16	12.63	—	—	10.00	—	42.11	—	21.58	13.68	—	—
17	12.63	—	—	10.00	—	—	—	42.11	13.68	—	21.58
18	12.63	—	—	15.00	42.11	—	—	13.68	—	16.58	
19	12.63	—	—	15.00	42.11	—	16.58	13.68	—	—	
20	12.63	—	—	15.00		42.11	—	—	13.68	—	16.58
21	12.63	—	—	15.00		42.11	—	16.58	13.68	—	—
22	12.63	—	—		15.00	—	—	42.11	13.68	—	16.58

表 6-22　推进剂燃速和压力指数的计算值和实验值的比较

序号	推进剂的燃速/(mm/s)										压力指数	
	2.76MPa		3.45MPa		6.90MPa		11.03MPa		20.69MPa			
	r_{cx}	r_1	r_{cx}	r_1	r_{cx}	r_1	r_{cx}	r_1	r_{cx}	r_1	n_{cx}	n_1
1	1.65	1.85	—	—	2.51	2.94	3.25	3.71	—	—	0.485	0.497
2	1.78	2.15	—	—	2.79	3.47	3.58	4.36	—	—	0.504	0.510
3	2.36	2.24	—	—	3.61	3.93	4.67	5.35	—	—	0.488	0.629
4	2.51	3.07	—	—	4.24	5.15	5.44	6.75	—	—	0.558	0.565
5	2.90	2.69	—	—	4.65	4.78	5.89	6.55	—	—	0.513	0.638
6	3.48	3.15	—	—	5.66	5.61	7.01	7.74	—	—	0.509	0.644
7	1.32	1.39	—	—	2.13	2.28	2.76	2.97	—	—	0.532	0.549
8	1.09	1.27	—	—	1.78	2.05	2.34	2.69	—	—	0.546	0.538
9	1.24	1.49	—	—	1.95	2.46	2.49	3.20	—	—	0.499	0.547
10	2.97	2.36	—	—	4.47	4.14	5.49	5.82	—	—	0.443	0.641
11	2.29	2.21	—	—	3.48	3.65	4.42	5.05	—	—	0.473	0.593
12	1.90	1.57	—	—	2.87	2.90	3.40	4.08	—	—	0.423	0.689
13	—	—	12.27	10.29	16.00	16.68	—	—	28.45	33.43	0.417	0.656
14	—	—	7.69	7.52	9.50	10.36	—	—	15.93	15.72	0.368	0.409
15	—	—	10.08	10.41	13.28	16.92	—	—	30.37	33.55	0.536	0.651
16	—	—	6.88	7.64	8.84	10.59	—	—	15.21	15.84	0.403	0.403
17	—	—	14.17	13.89	19.28	22.30	—	—	34.03	42.14	0.528	0.616

（续）

序号	推进剂的燃速/(mm/s)										压力指数	
	2.76MPa		3.45MPa		6.90MPa		11.03MPa		20.69MPa			
	r_{ex}	r_1	r_{ex}	r_1	r_{ex}	r_1	r_{ex}	r_1	r_{ex}	r_1	n_{ex}	n_1
18	—	—	13.82	9.70	17.88	15.37	—	—	32.00	29.79	0.445	0.624
19	—	—	7.39	7.69	9.12	10.74	—	—	15.11	16.71	0.343	0.430
20	—	—	8.69	9.57	11.43	15.08	—	—	23.95	29.06	0.472	0.617
21	—	—	6.58	7.57	8.36	10.49	—	—	14.78	15.97	0.395	0.414
22	—	—	15.47	13.11	19.69	20.67	—	—	35.79	40.23	0.475	0.625

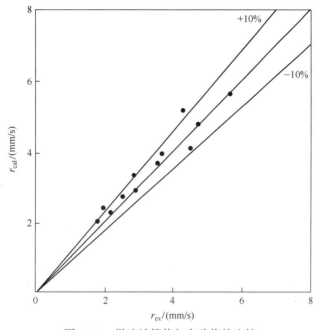

图 6-12　燃速计算值与实验值的比较

由表 6-21、表 6-22 及图 6-12、图 6-13 可以看出：HMX/AP/HTPB 推进剂燃速和压力指数计算值与实验值大体上吻合得较好，但对 AP 粒径较细、分布范围较宽的推进剂燃速及压力指数的预估值误差较大。

6.5.3　Al 含量对推进剂燃速和压力指数的影响

表 6-23 为 Al 含量对推进剂燃速和压力指数的影响，图 6-14 为 Al 含量与燃速的关系，图 6-15 为 Al 含量与压力指数的关系。

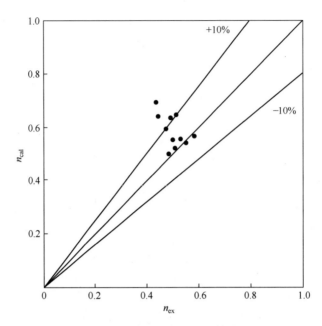

图 6-13 压力指数的计算值和实验值的比较

表 6-23 Al 含量对推进剂燃速和压力指数的影响

Al 含量/% 燃速/(mm/s) 压力/MPa	5.066	6.080	7.093	8.106	9.119	n
6	5.346	5.873	6.324	6.875	7.436	0.556
8	5.351	5.876	6.325	6.879	7.441	0.555
10	5.365	5.881	6.332	6.882	7.456	0.554
12	5.412	5.892	6.379	6.896	7.495	0.548
14	5.492	5.928	6.421	6.919	7.541	0.535
16	5.554	5.982	6.502	6.927	7.618	0.528
18	5.497	5.953	6.475	6.886	7.522	0.525
20	5.398	5.746	6.400	6.637	7.456	0.534
22	5.292	5.583	6.270	6.486	7.301	0.536
24	4.997	5.247	5.989	6.221	7.019	0.574
26	4.787	4.949	5.582	5.936	6.863	0.604
28	4.415	4.571	4.860	5.424	6.483	0.621
30	3.820	4.283	4.358	4.879	5.763	0.637

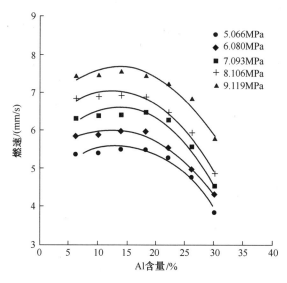

图 6-14　Al 含量与燃速的关系

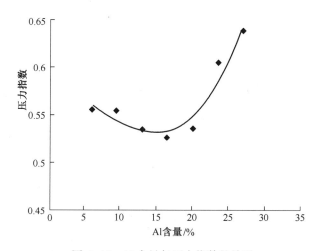

图 6-15　Al 含量与压力指数的关系

　　由表 6-23、图 6-14 及图 6-15 可以看出,Al 含量对推进剂的燃速及压力指数有一定的影响,Al 含量为 16% 时,燃速出现峰值,这与文献[10-12]报道的相符;压力指数先随 Al 含量增大而下降, 在 Al 含量大于 18% 以后随其含量增大而增大。

　　表 6-24 为 Al 粒径对推进剂的燃速和压力指数的影响,图 6-16 为 Al 粒径与燃速的关系,图 6-17 为 Al 粒径与压力指数的关系。

表 6-24 Al 粒径对推进剂的燃速和压力指数的影响

压力/MPa 燃速 /(mm/s) Al 粒径/μm	5.066	6.080	7.093	8.106	9.119	n
10	5.760	6.135	6.536	6.982	7.378	0.424
15	5.760	6.131	6.532	6.981	7.375	0.424
20	5.748	6.117	6.527	6.964	7.343	0.421
25	5.662	6.112	6.518	6.837	7.240	0.414
30	5.597	5.959	6.486	6.772	6.995	0.394
35	5.573	5.871	6.402	6.685	6.902	0.382
40	5.526	5.810	6.338	6.576	6.848	0.378
45	5.475	5.688	6.237	6.492	6.654	0.356
50	5.367	5.577	6.138	6.373	6.480	0.351

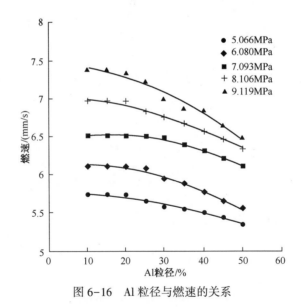

图 6-16 Al 粒径与燃速的关系

由表 6-24 和图 6-16 及图 6-17 可以看出:随 Al 粒径增大,燃速、压力指数都有不同程度的下降。

6.5.4 HMX(RDX)/CMDB 推进剂中氧化剂粒径对燃速及压力指数的影响

表 6-25 列出了 HMX(RDX)/CMDB 推进剂的配方,表 6-26 列出了改性双

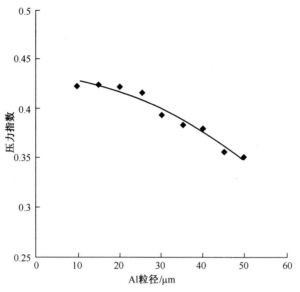

图 6-17　Al 粒径与压力指数的关系

基推进剂的配方,表 6-27 列出了改性双基推进剂燃速及压力指数计算值与实验值的比较,图 6-18 为 HMX(RDX)对燃速的影响。

表 6-25　HMX(RDX)/CMDB 推进剂的配方

序号	NC 含量/%	NG 含量/%	DEP 含量/%	其他组分含量/%	HMX(40μm)含量/%
1	44.00	43.00	11.00	2.00	0.00
2	40.00	39.09	10.00	1.82	9.09
3	36.67	35.83	9.17	1.66	16.67
4	33.84	33.08	8.46	1.54	23.08
5	30.80	30.10	7.70	1.40	30.00

表 6-26　改性双基推进剂的配方

序号	NC 含量/%	NG 含量/%	TA 含量/%	AP 含量/%		HMX 含量/%		RDX/%
				30μm	40μm	20μm	40μm	20μm
1	50.00	33.30	5.50	11.10	—	—	—	—
2	45.00	29.97	4.95	9.99	—	10.00	—	—
3	40.50	26.97	4.45	8.99	—	19.00	—	—
4	35.00	23.31	3.85	7.77	—	30.00	—	—
5	45.00	29.97	4.95	9.99	—	—	—	10

139

（续）

序号	NC 含量/%	NG 含量/%	TA 含量/%	AP 含量/%		HMX 含量/%		RDX/%
				30μm	40μm	20μm	40μm	20μm
6	40.50	26.97	4.45	8.99	—	—	—	19
7	35.00	23.31	3.85	7.77	—	—	—	30
8	50.00	28.90	10.00	—	11.1	—	—	—
9	45.00	26.01	9.00	—	9.99	—	10.00	—
10	41.00	23.70	8.20	—	9.10	—	18.00	—
11	36.00	20.81	7.20	—	7.99	—	28.00	—

表 6-27　改性双基推进剂燃速及压力指数计算值与实验值的比较

序号	推进剂的燃速/(cm/s)									压力指数		
	4.90MPa			7.84MPa			9.80MPa					
	r_{ex}	r_1	E_r	r_{ex}	r_1	E_r	r_{ex}	r_1	E_r	n_{ex}	n_1	E_n
1	0.86	0.83	-3.5	1.04	1.06	1.9	1.27	1.28	0.8	0.56	0.60	7.1
2	0.83	0.81	-2.4	1.02	1.03	1.0	1.26	1.29	2.4	0.60	0.65	8.3
3	0.80	0.78	-2.5	0.99	1.02	3.0	1.25	1.25	0.1	0.64	0.66	3.1
4	0.76	0.72	-5.3	0.96	0.95	-1.0	1.23	1.20	-2.4	0.69	0.71	4.3
5	0.81	0.84	3.7	1.00	1.08	8.0	1.23	1.27	3.3	0.60	0.59	-1.7
6	0.77	0.80	3.8	0.95	0.99	4.2	1.20	1.24	3.3	0.64	0.60	-6.3
7	0.71	0.82	15.5	0.90	1.02	13.3	1.15	1.22	6.1	0.69	0.56	-18.8
8	0.67	0.65	-3.0	0.81	0.79	-2.5	0.99	1.04	5.1	0.56	0.64	14.3
9	0.67	0.69	3.0	0.82	0.86	4.9	1.02	1.10	7.8	0.60	0.64	6.7
10	0.66	0.64	-3.0	0.82	0.80	-2.5	1.03	0.98	-4.0	0.64	0.59	-7.8
11	0.65	0.60	-7.7	0.82	0.78	-4.0	1.04	0.96	-4.8	0.68	0.66	-2.9

　　由表 6-25~表 6-27、图 6-18 可以看出，CMDB 推进剂中氧化剂粒径对燃速及压力指数是有较明显影响；一般说来，大粒径的氧化剂含量增加，燃速降低，反之燃速增大。

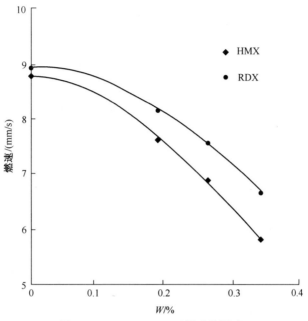

图 6-18　HMX(RDX)对燃速的影响

参 考 文 献

[1]　Zhao Yin,Tian Deyu,jiang Yu.The Modeling Investigetion of Solid Propellant Combustion[C]. 国际宇联 37 届年会,1986.

[2]　赵银,田德余,江瑜 . AP 复合固体推进剂燃烧模型[J]. 宇航学报,1988,9(4):18-26.

[3]　赵银,田德余,江瑜 . 含铝复合固体推进剂的燃烧模拟计算[J]. 航空动力学报,1987,2(2):147-152.

[4]　赵银,田德余,江瑜 . 高氯酸铵(AP)的爆燃模拟[J]. 国防科技大学学报,1988 (3):42-50.

[5]　Cohen N S,et al.Mehanisms and Models of Solid propellant Burn Rate Temperature sensitivity:A Review [J]. AIAA Journal,1985 , 23 (10):1538-1547.

[6]　赵银 . 复合固休推进剂的燃烧模拟计算研究[D].长沙:国防科技大学,1986.

[7]　赵银,田德余,江瑜 . AP/HTPB/Al/催化剂推进剂燃烧模拟计算方法[J]. 推进技术,1990 (1):54-61.

[8]　Cohen N S. Review of Composite Propellant Burn Rate Modeling[J]. AIAA Journal,1980,18(3):277.

[9]　Gaunce M T, Osborn J R. 固体火箭推进剂性能研究[M]. 田德余,等译 . 北京:宇航出版社,1992:90-101.

[10]　Renie J P,Condon J A,Osborn J R. OxidizerSize Distribution Effects on Propellant Combustion [J]. AIAA Journnal,1979,17(8):877-833.

[11]　Beckstead M W,Derr R L,Priee D F. A Model of Composite Solid Propellant Combustion Based on Multi-

ple Flames[J]. AIAA Journal,1970,8(12):2200 - 2207.

[12] Sutton G P,Ross D M. Rocket Propulsion Elements 4th[M]. New York:John Wiley & Sons, 1976: 354-373.

[13] 赵银,田德余. 复合固体推进剂燃速温度敏感系数的模拟计算[J]. 推进技术,1990(5):48-51.

[14] 赵银,田德余. 复合固体推进剂初温影响燃速和压力指数的模拟计算分析[J]. 固体火箭技术, 1991,(3):64-70.

[15] 赵银. 复合固体推进剂的燃烧模拟计算研究[D]. 长沙:国防科技大学, 1986.

[16] 张炜,朱慧. 固体推进剂性能计算原理[M]. 长沙:国防科技大学出版社,1996.

[17] 刘静峰. 硝胺推进剂燃速模拟计算及催化实验研究[D]. 长沙:国防科技大学,1996.

[18] 肯尼思·尔科内. 分形几何—数学基础及其应用[M]. 沈阳:东北大学出版社,1991.

[19] B·曼德尔布洛特. 分形对象—形、机遇和维数[M]. 北京:世界图书出版公司,1999.

[20] 田德余,刘剑洪. 化学推进剂计算能量学[M]. 郑州:河南科学技术出版社,1999.

[21] 袁安,等. 分形理论的发展与化学[J]. 石油化工高等学校学报,2000 , 13 (2) :6-10 .

[22] 王东升,等. 分形理论及其研究方法[J]. 环境科学学报, 2001 , 1 (s1) :10-16.

[23] Marvasti M A, Strahle W C. Burning Rate Prediction of Composite Solid Propellants Using Fractal Geometry[J]. Combust. Sci. And Tech,J. ,1992,83,291-3(1993).

[24] Beckstead M W . A Model for Solid Propellant Combustion[J]. 18th Symp(Int.) on Comb. ,1981 , 18 (1) :175-185.

[25] McCarty K P,Beckstead M W. HMX Propellant Combustion Studies,Final Report[C]. [S. l.]: AFRPL-TR-79-61,1979.

[26] 张小平,刘剑洪,贵大勇,等.价电子分形燃烧膜型在高能固体推进剂中的应用[J].固体火箭技术, 2007,30(5):412-415.

第7章　推进剂燃速温度敏感系数及燃速图形表征

7.1　固体推进剂燃速温度敏感系数的模拟计算

7.1.1　燃速温度敏感系数

燃速温度敏感系数有两个,一个是燃速温度敏感系数 λ_p,也可用 σ_p 表示,表示固体推进剂初温对燃速的影响程度,它是定压下燃速的温度敏感系数[1-16],此系数用来表示初温的影响,仅和组分有关。λ_p 值可直接由一些理论模型推得[17],或在定压下通过测推进剂药条的燃速获得。另一个是发动机的温度敏感系数 π_k,该温度系数是与发动机参数有关的函数[17-18],即由火箭发动机静止点火时,燃面与喉部面积(截面)之比一定时得到的压力温度敏感系数[19],用下式表示:

$$\pi_k = \left(\frac{\partial \ln p}{\partial T}\right)_k$$

式中: π_k 为温度敏感系数; k 为燃面与喉部面积之比(喉面比); p 为燃烧室压力; T 为固体推进剂初温。

λ_p 是一个与推进剂组分有关温度敏感系数,描述在某个恒定压力环境下温度对燃速的影响,是重要但实测比较困难的燃烧性能参数,如双石-2推进剂在 $-40℃ \sim +50℃$ 的温度范围内,压力为 $50 kg/cm^2$,该推进剂的燃速温度系数为 0.289%,即 0.00289,单位为 $1/℃$。近几年公开报道的实验研究结果很少,而以 BDP、PEM 等模型为基础的模拟分析结果报道则较多[9-10]。因此,开展复合固体推进剂燃速温度敏感系数的实验和模拟计算研究,仍是十分必要的。初温(即环境温度)的变化除了对推进剂燃速有影响外,对压力指数也有不同程度的影响。λ_p 与燃速 r、压力指数 n 的关系式如下:

$$r = bp^n \tag{7-1}$$

$$\lambda_p = \left(\frac{\partial \ln r}{\partial T_0}\right)_p = \left(\frac{\partial \ln b}{\partial T_0}\right)_{kp} + \left(\frac{\partial n}{\partial T_0}\right)_P \ln p \tag{7-2}$$

143

式中:T_0为初温;p为燃烧室压力。

一般说来,该温度敏感系数是随压力的增加而减小的,由式(7-2)可知 ($\lambda_p <$ 0,这表明初温 T_0 越低,压力指数 n 越高。因此,在设计高寒地区使用的固体推进剂时,必须考虑在高寒条件下,压力指数值与实验温度下 λ_p 的偏差是否能满足推进剂在发动机中稳态燃烧的要求。所以,了解初温对压力指数影响的规律性也是很重要的。

采用价电子反应模型及其模拟计算方法,研究了推进剂配方中各组分变化与 λ_p 和压力指数随初温变化的关系,所得结果对推进剂研究有所启迪。

7.1.2　初温对不同类型的推进剂燃速的影响机理

初温对不同类型的推进剂燃速的影响机理通常是不尽相同的。对"AP/Al/HTPB/催化剂"系列的推进剂而言,初温降低,燃速减小。分析认为,其主要原因是:

(1) 初温低时,推进剂从初温加热到燃面温度的过程中需吸收热量,使得凝聚相的净放热量减小,从而引起燃速降低。

(2) 初温越低,推进剂的热焓(含能)越小,终焰温度也就越低;因而使气相传给燃面的辐射和热传导热量减小,燃速降低。

(3) 在推进剂燃面附近从初温加热到燃面温度的瞬间,固体推进剂发生分解和其他化学反应,初温的变化必然影响这些反应过程,特别是对 AP 粒子的分解过程影响较大,文献[4]根据 Boggs 等人的实验结果指出,AP 粒子在燃面上分解时存在两种竞争反应机理:一是 AP 粒子表面先熔化而后再分解、反应及气化的放热反应;二是 AP 粒子表面干燥、呈针尖状的吸热反应,前者在低压(气相反馈热量少且慢)下占绝对优势,我们研究认为,初温越低,越不利于 AP 粒子在瞬间加热分解过程中表面的"熔化",初温越高,越有利于 AP 粒子表面的"熔化",即初温低对 AP 粒子放热反应不利,而对其吸热反应有利,换句话说,初温低时,AP 粒子在燃面的吸热分解比例大于放热分解比例,因而使得燃速降低。

(4) 初温越低,AP 粒子在瞬间加热过程中越难"熔化",因而使亚燃面层中发生分解和与周围的 HTPB 发生放热反应的机会(分数)减少,从而使凝聚相的放热量减小,燃速降低。

综上所述,初温越低,燃速越低。原因是初温低时使推进剂燃烧过程中凝聚相反应的净放热量减小了,从而使气相反馈热量相对增加(绝对值并未增加)。由于燃烧室压力对气相反馈热的影响比凝聚相净放热量大,故气相反馈热比例增大的实际效果,就是提高了燃速对压力的敏感性,即压力指数增大了。

7.1.3　燃速温度敏感系数的初温"因子"

怎样借助于模型对初温影响机制进行数学描述是模拟计算分析的关键,通过"模拟计算实验"发现,采用与"催化作用因子及校正"相似的方法是最简单有效的,该方法是将多种影响因素归结为一个因子,然后再将这个因子乘以或除以有关的动力学参数,这样不但能简化模拟计算过程,而且还能很好地描述影响(燃烧)机理,该"因子"为"初温因子"BT_0;初温因子 BT_0 的经验关系式为

$$BT_0 = (TT - 298.3)/(TT - T_0) \tag{7-3}$$

$$TT = B_{10}(BM_1 \cdot BM_2 + B_{11} \cdot BM_3 \cdot SDS^{1/4})/(BM_1 \cdot BM_2) \tag{7-4}$$

式中:BM_1 为 AP 含量;BM_2、BM_3 分别为黏合剂系统、Al 粉含量;SDS 为 Al 粉的重均粒径;B_{10}、B_{11} 为经验常数;T_0 为推进剂初温。

式(7-3)中引入 298.15K 定温,是因为模拟计算中的各动力学参数都是在 $T = 298.15$K 时由实验确定的,所以在用 BT_0 对有关动力学参数进行校正时,要求在 $T_0 = 298.15$K 下时 $BT_0 = 1.0$。

描述初温对燃速的影响机理时,可以简单地用 BT_0 乘以(升高 T_0 有利时)或除以(升高 T_0 不利时)与影响机理相关联的动力学参数,按照价电子燃烧模型所描述两个影响机理定为

$$B_1' = B_1/(BT_0) \tag{7-5}$$

$$H_{BG}' = H_{BG}/(BT_0) \tag{7-6}$$

式中:B_1、H_{BG} 分别为 $T_0 = 298.15$K 时,与 AP 在燃面上分解的分数和其分解时按吸热机理分解的分数相关联的常数;这也是 B_1'、H_{BG}' 考虑了初温影响后与 B_1、H_{BG} 分别对应的参数。

7.1.4　燃速温度敏感系数模拟计算

将文献[2-5]的计算方法和程序的 298.15K 换成变量 T_0,B_1 和 H_{BG} 分别用 B_1'、H_{BG}' 替代,并用来计算 T_0 为 210K、230K、250K、270K、310K 和燃烧压力分别为 8.1MPa、7.1MPa、6.1MPa、5.1MPa、4.1MPa 条件下的燃速,然后按定义式:

$$\lambda_p = \left(\frac{\partial \ln r}{\partial T_0}\right)_p \tag{7-7}$$

$$n = \left(\frac{\partial \ln r}{\partial \ln P}\right)_{T_0} \tag{7-8}$$

进行线性回归处理,求出不同燃烧压力下的 λ_p 和不同初温条件下的 n,取 $B_{10} = 1554$,$B_{11} = 5.73$ 时,由式(7-4)求得。

1. 初温越高,绝热燃烧温度越高

如图 7-1 所示,T_0 与绝热燃烧温度 T_F 基本呈线性关系,但推进剂配方不同时,它们的比例系数有所不同,图 7-1 中三条直线代表三种不同的推进剂配方。

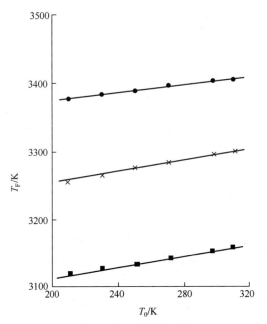

图 7-1　初温和绝热燃烧温度的关系

2. AP 粒径对 λ_p 和 n 的影响

如图 7-2 所示，AP 粒径小于 10μm 时，λ_p 很低，约为1%左右；随着 AP 粒径

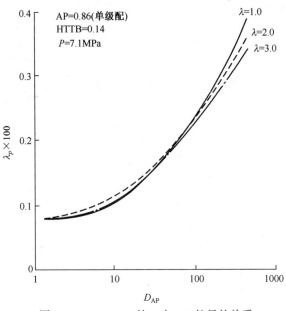

图 7-2　AP/HTPB 的 λ_p 与 AP 粒径的关系

的增大，λ_p 迅速增高。这是因为 AP 粒径很小时，绝大部分 AP 在亚燃面层已分解，在燃面上分解的部分很少。因此，初温变化只能按价电子燃烧模型所述机理影响燃速，而 λ 影响 λ_p 较低，随着 AP 粒径的增大，价电子燃烧模型所述机理也发挥作用，于是使得 λ_p 迅速增高。

3. AP 粒径分布宽度对 λ_p 的影响

由图 7-1 中的三条曲线比较而知，AP 粒径分布宽度 σ 对 λ_p 有明显影响，平均 AP 粒径（D_{AP}）较小时，σ 越大，λ_p 也越大；在 D_{AP} 较大时，σ 越大，λ_p 则越小，这是因为重均粒径为 D 的 AP 粒子，通常按对数正态分布[5]，即

$$y = \frac{1}{2\pi \ln \lambda} = \frac{1}{\overline{D}} \exp\left[-\frac{1}{2}\left(\frac{\ln D - \ln \overline{D}}{\ln \lambda} \right)^2 \right] \tag{7-9}$$

因此，当粒径较小时，分布宽度越大，粒径大的 AP 粒子相对较多，致使 λ_p 增大；当粒径较大时，分布宽度越大，粒径小的 AP 相对较多，从而使 λ_p 减小，图 7-2 更清楚地展示出大小粒子相对量的变化而引起 λ_p 变化的情况。

由图 7-3 示出 AP 粒径-初温 T_0-压力指数 n 的关系。由此可以看到，初温越低，压力指数越高，二者大致呈线性关系。

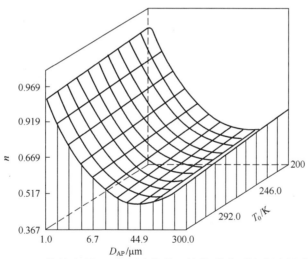

图 7-3 AP 粒径、初温 T_0 与压力指数 n 的关系图（彩色版本见彩插）

由图 7-4 可以看出：同一配方 AP 总含量不变，粗 AP 含量高则推进剂的燃速温度敏感系数增大，反之则降低。

4. Al 含量对 λ_p 和压力指数的影响

图 7-5 和图 7-6 展示出 Al 含量对 λ_p 和压力指数的影响，一般说来，在任

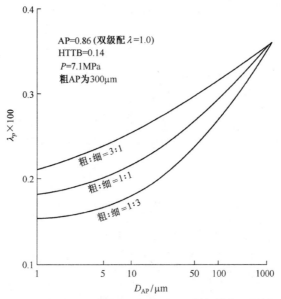

图 7-4 双级配比例与 λ_p 的关系图(彩色版本见彩插)

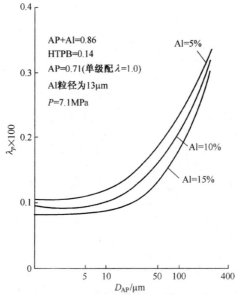

图 7-5 AP 粒径-Al 含量-λ_p 的关系图(彩色版本见彩插)

何情况下,Al 含量的增加都有助于降低 λ_p,这主要是因为 Al 粒子不同程度地在燃面上形成凝团,覆盖在 AP 粒子表面上,使其在燃面上分解的分数减少,从而使凝聚相的反应净放热量 Q_S 受初温变化的影响变小,导致 λ_p 降低,另外

Al 含量增加会使燃面温度 T_S 升高,从而可降低 λ_p,这从式(7-10)中可以清楚地看出。

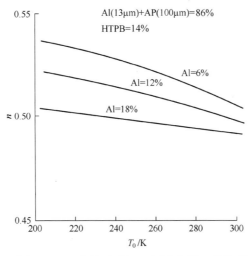

图 7-6　Al 含量-初温 T_0-压力指数 n 的关系

5. Al 粒径对 λ_p 的影响

Al 粒径对 λ_p 的影响,如图 7-7 所示。这是由于 Al 粒径影响 Al 凝团,Al 凝团影响 AP 粒子在燃面上分解分数[3]。

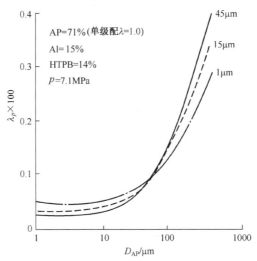

图 7-7　Al/AP/HTPB 中 Al、AP 粒径对 λ_p 的影响

6. At 催化剂对 λ_p 和压力指数的影响

At 催化剂含量和压力对 λ_p 的影响,如图 7-8 和图 7-9 所示,从图中可以看出,At 含量越高,λ_p 和 n 越低。

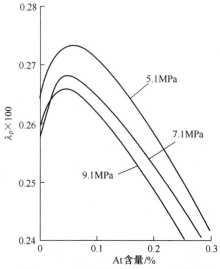

图 7-8　At 含量与压力对 λ_p 的影响

(配方:HTPB = 0.12,Al+AP = 0.88,三级配 AP 中
30 : 125 : 225 = 1 : 2 : 4,Al 粉的重均粒径为 13μm,At 外加)

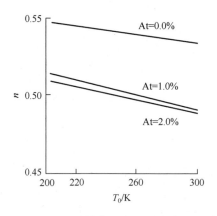

图 7-9　At 含量与初温及压力指数的关系

由上述分析得出如下结论:

(1) 压力指数与初温基本呈线性反比关系,比例系数随推进剂配方不同而有所变化。

（2）温度敏感系数 λ_p 受 AP 粒径的影响较大,由燃面能量平衡方程看:

$$\rho \cdot r \cdot C_p (T_S - T_0) - \rho \cdot r \cdot Q_S = Q_K \tag{7-10}$$

式中:ρ 为推进剂的固相密度;Q_K 为气相反馈回燃面的总热量,包括热辐射和热传导;λ_p 受初温的影响较小,对 T_0 而言可视为常数。该方程微分后整理得出:

$$\lambda_p = \left(\frac{\partial \ln r}{\partial T_0} \right)_p = \frac{1 + \mathrm{d}Q_S/\mathrm{d}T_0}{T_S - (T_0 + Q_S/C_p)} \tag{7-11}$$

从本质上讲,λ_p 的大小主要取决于燃面温度 T_S、凝聚相反应热 Q_K,温度的变化率 $\mathrm{d}Q_K/\mathrm{d}T_0$ 升高,T_S 减小,气相反馈回燃面的总热量(Q_K)和温度的变化率 $\mathrm{d}Q_K/\mathrm{d}T_0$ 可以降低温度敏感系数 λ_p。上面所有关于 λ_p 的结果,都可从式(7-11)和推进剂各组分变化与 T_S、Q_K 及 $\mathrm{d}Q_S/\mathrm{d}T_0$ 的关系得到统一的解释。

7.2　丁羟推进剂燃速模拟计算的图形表征

根据丁羟推进剂价电子稳态燃烧模型和模拟计算方法[1-2,7-12],对含二茂铁衍生物的推进剂配方进行了大量的计算,并在计算机上绘制了三维立体图。由图可清晰地看出催化剂含量、AP 含量、粒径、Al 含量、粒径与压力变化等因素对推进剂燃速、压力指数的影响。若知配方,可查出各种压力下的燃速;也可由某一压力下的设定燃速,结合工艺选择适宜的配方。该方法简便、形象、直观,便于配方与燃烧性能的设计选择。

7.2.1　丁羟推进剂价电子燃烧模型简述

基于固体推进剂在发动机中的燃烧是绝热过程,反应物和产物在不断变化,体系温度不断升高,其本质仍为氧化还原反应。在此,简要回顾丁羟推进剂的价电子稳态燃烧模型的要点:

（1）用价电子(化合价)反应模式描述体系中的一切反应:

$$\phi = \frac{总的还原性原子(基团)的价电子摩尔数}{总的氧化性原子(基团)的价电子摩尔数} \tag{7-12}$$

并用 = 1+ Φ 表示反应级数。

（2）用体系温度随时间变化表征反应速度:

$$\frac{\mathrm{d}T}{\mathrm{d}t} = B/\overline{T} \exp\left(- \frac{E}{RT} \right) \left(\frac{p}{R \cdot T \cdot n} \right)^n \phi^\phi$$

$$\cdot \left\{ \exp\left[\frac{C_p(T_F - T)}{R \cdot T} \right] - 1.0 \right\} \tag{7-13}$$

式中:T 为体系温度;T_F 为终焰温度;E 为 AP 焰化学反应活化能;C_p 为等压热容;

p 为燃烧室压力；B_1 为经验常数；n 为反应级数。

（3）热传导与温度梯度成正比，温度梯度 $\mathrm{d}T/\mathrm{d}Y$ 可由反应速度 $\mathrm{d}T/\mathrm{d}t$ 求得：

$$\frac{\mathrm{d}T}{\mathrm{d}Y} = \frac{\mathrm{d}T/\mathrm{d}t}{\mathrm{d}Y/\mathrm{d}t} = \frac{1}{u} \cdot \frac{\mathrm{d}T}{\mathrm{d}t} \qquad (7-14)$$

式中：u 为气体的轴向流动速度。由该式可求出气相对燃面的传热量。

（4）以连续相 HTPB 的线性分解速度表示整个推进剂的线性燃速方程，加 Al 后可修正为

$$r = \frac{0.1}{0.1 + BM_3} \cdot B_2 \cdot \exp\left(-\frac{E_H}{R \cdot T_S}\right) \qquad (7-15)$$

式中：E_H 为 HTPB 的分解活化能；T_S 为燃面温度；BM_3 为 Al 的质量分数；R 为通用气体常数；B_2 为经验常数。

（5）燃面能量平衡方程：

$$r \cdot \rho \cdot \left[C_S(T_S - T_0) + C_p(T_p - T_0) \right]$$
$$= Q_{OX} + E_S + r \cdot \rho \cdot Q_{BX} \qquad (7-16)$$

式中：E_S 为单位时间里终焰对燃面的辐射热量；C_S 为推进剂 $T_0 \sim T_S$ 间的平均热容；Q_{OX} 为单位时间里气相对燃面的热传导热量；Q_{BX} 为单位质量推进剂的凝固相反应热；T_p 为 Al 粒子离开燃面时的温度；C_p 为 $T_0 \sim T_S$ 时固态 Al 的平均热容。

只要求出方程式（7-15）、式（7-16）中的各参数值联立迭代求解，即可同时求出燃面温度 T_S 和一定压力下的线性燃速 r。再根据不同压力下的燃速进而算出压力指数 n，计算燃速与实测燃速吻合得较好，几乎全部在 ±10% 的误差范围以内，见图 7-10。

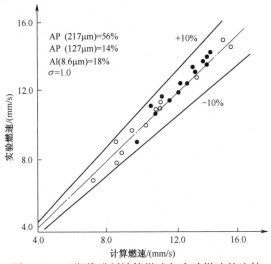

图 7-10　丁羟推进剂计算燃速与实验燃速的比较

7.2.2　三维图的绘制与用法

绘制三维图通常包括下述步骤:

(1) 基本点的计算。利用模型和由此建立起来的计算方法及程序计算出三种压力下不同催化剂含量的燃速,这些结果作为绘图的基本点。

(2) 回归方程的建立。对基本点数据进行回归处理,得如下方程:

$$Z = a_1 + a_2X + a_3Y + a_4XY + a_5X^2 + a_6Y^2 \tag{7-17}$$

其图形的回归方程为

$$r = 4.11645 + 3\ 64903X + 0.07345Y + 0.01165XY$$
$$- 0.94341X^2 - 0.00004Y^2 \tag{7-18}$$

式中:r 为推进剂的燃速;X 为二茂铁衍生物的百分含量;Y 为燃烧室压力。按此方程求得的回归值和基本点数据吻合得很好。

7.3　用图形表征推进剂配方、压力与燃速关系

7.3.1　催化剂含量和压力对推进剂燃速影响图

选择的基本配方:HTPB 为 12%,A1(6.75μm) 为 18%,AP 为 70%,其中 AP(60~80 目):AP(100~140 目)= 4:1。

图 7-11 为丁羟推进剂配方中催化剂含量、压力与燃速的关系。由图 7-11 可以看出:燃速随压力增大而提高,在催化剂含量约小于 2.5% 时,燃速基本上随催化剂含量增大而提高,当催化剂含量大于 2.5% 后,其变化对燃速影响不大。

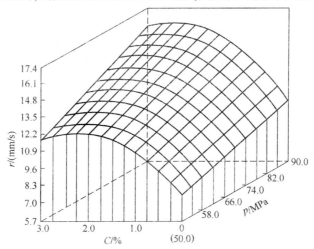

图 7-11　丁羟推进剂配方中催化剂含量、压力指数与推进剂燃速的关系图(彩色版本见彩插)

由式(7-18)可计算任意压力和催化剂含量下的燃速。按此三项值的关系建立一个三维直角坐标体系,确定三维体的位置,然后把三维体的位置变换成二维坐标点,把这些点连接起来就得到所求的三维立体图。阅读和使用时要建立起立体概念,以三维坐标方式直接读出具体数值。

7.3.2 含与不含催化剂的配方中 AP 粒径与压力变化对推进剂燃速的影响

选择的配方:HTPB 为 12%,Al 为 19%,AP 为 69%,其中 AP(127μm):AP(D_{AP})= 1:4。图 7-12 为 AP 粒径-压力-燃速关系图。由图 7-12 可以看出:随 AP 粒径减小、压力增大,推进剂的燃速增加,AP 粒径越小,催化剂的作用效率(提高燃速的幅度)越大。

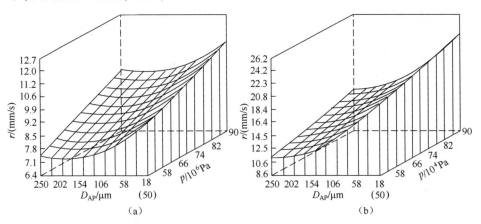

图 7-12 AP 粒径-压力-推进剂燃速的关系图(彩色版本见彩插)

(a)催化剂含量为 0%;(b)催化剂含量为 1.5%。

7.3.3 含与不含催化剂的配方中 Al 粒径及压力变化对推进剂燃速的影响

Al 粒径-压力-燃速关系图见图 7-13,配方组分与图 7-12 相同。由图 7-13 可以看出,Al 粒径减小、压力增大,燃速增大,加入催化剂后,燃速提高的幅度更大。

7.3.4 催化剂含量与 Al 含量变化对推进剂燃速及压力指数的影响

选择的配方:HTPB 为 12%,总固体含量为 88%,其中 AP 粗(60~80 目):AP 细(100~140 目)= 4:1, Al 粒径 D_{Al} = 6.75μm。

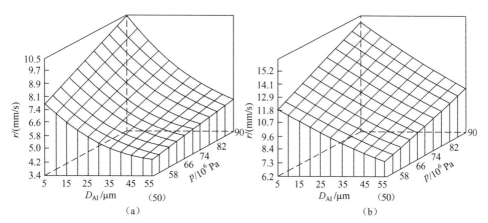

图 7-13　Al 粒径-压力-推进剂燃速的关系图(彩色版本见彩插)

(a)催化剂含量 0%;(b)催化剂含量 1.5%。

图 7-14 为催化剂、Al 含量与燃速及压力指数的关系图。由图 7-14 可以看出,随着催化剂含量和 Al 含量增加,燃速增大。当 Al 含量增加过大(如 25%)时,燃速较明显地降低, Al 含量在 15%~25% 时压力指数较低。

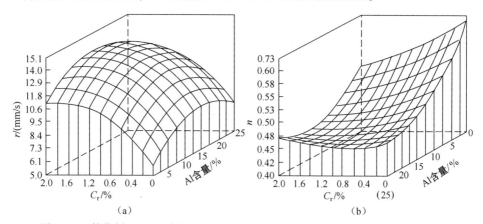

图 7-14　催化剂、Al 含量与推进剂燃速及压力指数的关系图(彩色版本见彩插)

(a)催化剂、Al 含量与推进剂燃速的关系图;(b)催化剂、Al 含量与压力指数的关系图。

7.3.5　催化剂含量与 AP 粒径变化对推进剂燃速及压力指数的影响

选择的配方:HTPB 为 12%, Al(6.75μm)为 19%, AP 为 69%,其中 AP (D_{AP}):AP(127)=4:1。

图 7-15 为催化剂-AP 粒径与推进剂燃速及压力指数的关系图。

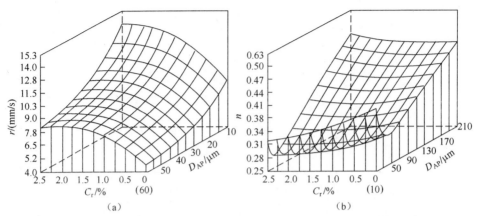

图 7-15　催化剂、AP 粒径与推进剂燃速及压力指数的关系图(彩色版本见彩插)
(a)催化剂、AP 粒径与推进剂燃速的关系图;(b)催化剂、AP 粒径与压力指数的关系图。

由图 7-15 可以看出,随着催化剂含量增加和 AP 粒径减小,燃速增大;AP 粒径小于 40μm 时,这种影响更明显,AP 粒径为 20~50μm,压力指数出现最低值,这与文献报道的结果一致。

参 考 文 献

[1]　Zhao Yin,Tian Deyu,jiang Yu. The Modeling Investigetion of Solid Propellant Combustion[C]. 国际宇联 37 届年会,1986.

[2]　赵银,田德余,江瑜. AP 复合固体推进剂燃烧模型[J]. 宇航学报,1988(4):15-23.

[3]　田德余,马建伟,丁羟. 推进剂燃速计算图形法[J]. 推进技术,1988(4):51-54.

[4]　田德余,赵银,丁羟. 推进剂燃烧模拟计算及图形表示法[J]. 兵工学报,1990(3):36-41.

[5]　田德余,肖团民,祁洁,等. 推进剂燃速温度敏感系数模拟计算及图形表示法[D]. 长沙:国防科技大学,1988.

[6]　田德余,赵银. 含铝丁羟推进剂燃烧模拟计算及图形表示法[C]. 中国宇航学会,1987.

[7]　赵银,田德余,江瑜. 复合固体推进剂的燃烧模型和模拟计算[J]. 计算机与应用化学,1987,4(3): 245-246.

[8]　赵银,田德余,江瑜. 含铝复合固体推进剂的燃烧模拟计算[J]. 航空动力学报,1987,2(2): 147-152.

[9]　赵银,田德余,江瑜.高氯酸铵(AP)的爆燃模拟[J]. 国防科技大学学报,1988(3):39-47.

[10]　Cohen N S,et al.Mechanisms and Models of Solid Propellant Burn Rate Temperature Sensitivity:A Review [J]. AIAA Journal,1985,23:1538-1547.

[11]　赵银. 复合固体推进剂的燃烧模拟计算研究 [D]. 长沙:国防科技大学,1986.

[12]　赵银,田德余,江瑜. AP/HTPB/Al/催化剂推进剂燃烧模拟计算方法[J]. 推进技术,1990 (1): 54-61.

[13]　Cohen N S. Review of Composite Propellant Burn Rate Modeling[J]. AIAA Journal,1980,18(3):277.

[14]　格恩斯 M T,奥斯本 J R.固体火箭推进剂性能研究[M]. 田德余,彭网大,译. 北京:宇航出版社,1992:90-101.

[15]　Renie J P,Condon J A,Osborn J R. Oxidizer Size Distribution Effects on Propellant Combustion[J]. AIAA Journal,1979,17(8):877-833.

[16]　Beckstead M W,Derr R L,Priee D F. A Model of Composite Solid Propellant Combustion Based on Multiple Flames[J]. AIAA Journal,1970,8(12):2200-2207.

[17]　赵银,田德余. 复合固体推进剂燃速温度敏感系数的模拟计算[J]. 推进技术,1990(5):48-51.

[18]　赵银,田德余. 复合固体推进剂初温影响燃速和压力指数的模拟计算分析[J]. 固体火箭技术,1991(3):64-70.

附录1　化学物质符号表

A_3,BDNPA/F	2,2-二硝基丙基缩甲醛/缩乙醛混合物
ADN	二硝酰胺铵
AMMO	3-叠氮甲基-3甲基氧丁环
AN	硝酸铵
AO	草酸铵
AP	高氯酸铵
BAMO	3,3-双叠氮甲氧丁环
GFP/卡托辛	Catocene,2,2-双(乙基二茂铁)丙烷 $C_{27}H_{32}Fe_2$
BTTN	1,2,4-丁三醇三硝酸酯
C_2	2号中定剂
CB	碳黑
C.C	一种燃速催化剂,是氧化铜、氧化铬、亚铬酸铜等的混合物
CDB	复合双基(推进剂)
CMDB	复合改性双基(推进剂)
CTPB	端羧基聚丁二烯(推进剂)
DbiDL	二月桂酸二丁基锡
DBP	苯二甲酸二丁酯
DBS	癸二酸二丁酯
DEGN/DEGDN	二缩二乙二醇二硝酸酯
DHG	二羟基乙二肟
DINA	硝化二乙醇胺,俗称吉纳
DMP	邻苯二甲酸二甲酯
DNADF/DNAF	二硝基偶氮二呋咱($C_4N_8O_6$)
DOAZ	壬二酸二丁酯($C_{25}H_{48}O_9$)
DOS	癸二酸(二异)辛酯
EA	丙烯酸乙酯
EP	环氧树脂

FEFO　　　　　双(氟二硝基乙基)缩甲醛

FOX-12　　　　N-脒基脲二硝基胺盐

HMX　　　　　环四次甲基四硝胺,俗称奥克托金

NEPE　　　　　硝酸酯增塑的聚醚推进剂

RDX　　　　　环三次甲基三硝胺,俗称黑索今

附录 2 物理量符号表

$B_i(i=4,5,\cdots,9)$ 指前因子等经验常数

BM_1 AP 的质量分数

BM_2 推进剂中固化体系的质量分数

BM_3 Al 的质量分数

C 平均热容

C_P 比定压热容

C_S 固体推进剂的平均热容

D_0 单分散氧化剂粒径

D_{AP} AP 粒径

D_{RDX} RDX 粒径

E 反应活化能

E_H HTPB 分解活化能

E_{OX} AP 固相分解活化能

E_{TS} AP 在亚表面层中分解的放热量

E_S 终焰对燃面的辐射传热量

H_{AE} AP 在亚表面层中分解的分数

H_{BC} AP 在燃面上溶液态所占的面积分数

H_{ES} Al 在燃面上凝结成团的分数

L 火焰厚度(GDF)

$L_{反应}$ 终焰反应距离

$L_{混合}$ 扩散混合距离

m 质量燃速

n 气相反应级数($n=1+\Phi$)或燃速压力指数

Q_{AP} 过氯酸铵分解的热量

Q_{BG} AP 在燃面上分解时的净放热量

Q_{BX} 推进剂凝相反应热

Q_c 氧化剂汽化热

Q_F	燃料黏合剂的分解热
Q_{OX}	AP 气相反应对燃面的热传导热量
Q_{PF}	初焰燃烧的放热量
Q_{RDX}	RDX 的固相反应放热量
r	线性燃速
R	理想气体常数
T	绝热温度
T_0	初温
T_F	终焰温度
T_S	燃面温度
λ	热传导系数
λ_p	燃速温度敏感系数
ρ	固体推进剂密度
ρ'	推进剂燃烧时的气相密度
ρ_H	HTPB 的密度
ρ_{OX}	氧化剂的密度

后　记

　　本书是集作者多年来的心血及科研、教学的成果,经长期的辛劳,笔耕不止,终于完成了初稿,如释重负。作者曾获国防科工委科技进步二等奖等奖项。作者的合作者、价电子燃烧模型创建者之一、早期的研究生赵银同志,1957年出生,早年参军,在军中曾当过勤务兵、电影放映员,1978年参加高考,获西藏自治区前三名的好成绩,被中国科技大学录取,学习五年,1983年考入国防科技大学读研究生,1986年毕业留校,讲授物理化学,并担任应用化学教研室领导……,因患肝癌,不幸英年早逝;江瑜教授,早年在上海交通大学参加革命,她是深受广大师生爱戴的好教授、好领导,也是价电子燃烧模型的创建者之一,离休后病逝于上海。他(她)们生前曾多次鼓励我将燃速模拟计算写成书,现在终于完成了他(她)们的心愿,在此祝他(她)们在天之灵好好安息吧!

　　随着固体推进剂价电子燃烧模型的提出,并在各种学术会议及学术刊物上发表,得到了许多航天人的关心、爱护和支持,将价电子燃烧模型收录在固体推进技术专著《复合固体推进剂》(1994年由中国宇航出版社出版)一书中。新一代航天人在改进价电子燃烧模型的推广使用中做出了贡献。本书在研究和撰写过程中得到航天人、国防科技大学和深圳大学师生们的关心、爱护和支持,对此表示衷心感谢!

　　对所有关心、支持的朋友表示感谢!对周姣龙、梁容坚、李定雄、吴泽鹏、韦卓勋等在文献补充查阅、排版、校核中付出的辛勤劳动表示感谢!

田德余

2019年5月

内 容 简 介

该书是一本复合推进剂燃速模拟计算的专著,共分 7 章:第 1 章、第 2 章概述了燃烧、燃速研究的历程、有代表性的稳态燃烧模型及计算方法;第 3 章介绍了创新的价电子燃烧(化学)机理、物理和数学模型的建模过程及复合推进剂燃速计算与实验值的对比;第 4 章至第 6 章分别概述了分形理论、维数及其表征方法,用分形理论改进和完善了价电子燃烧模型,并用该模型编制的程序对各类推进剂进行了燃速计算研究;第 7 章叙述了推进剂燃速温度敏感系数的概念、模拟计算结果及图形表征。

总之,该价电子燃烧模型具有原理正确、数学推导可信、公式精练、浮动参数少、计算精度较高等特点,是我国最早建立的具有独立知识产权的、较实用的燃速模拟计算方法,也说明该燃烧模型、物理化学理论、数学公式推导、编程技术是合理的、先进的,已在航天、航空、兵器等相关单位使用,具有宽广的应用前景。本书适用于从事燃料燃烧、含能材料、推进剂、化学化工科研教学人员及高校师生阅读、参考、使用。

This book presents the burning rate simulation a composite propellant, which includes seven chapters. Chapter 1 and 2 outlines the history of combustion mechanism and burning rate as well as the typical combustion model, calculation method; Chapter 3 introduces a novel valence electrons (chemical) combustion mechanism, model building, and the comparison of calculated burning rate with the experimental data; Chapter 4, 5, 6 summarize the fractal theory, the dimension and characterization method, respectively, how to improve the valence electrons combustion model using fractal theory. Moreover, the burning rates were calculated using the valence electrons model for all kinds of propellant; Chapter 7 introduces the concept of propellant burning rate temperature sensitivity coefficient, the simulation results and the image representation were presented.

In a word, the valence electron combustion model, the principle is correct, the mathematical derivation is credible, the formula is refined, the floating parameters are few and the calculation precision is high, which is the more practical and easy to simulate the burning speed Calculation method, also shows that the combustion model, physical and chemical theory, mathematical formula derivation, programming technology is reasonable, advanced. The valence electron combustion model has been widely used in aerospace, aviation, weapons and other related institutes. This book is suitable for researchers including college teachers and students working on fuel combustion, high energy materials, propellant and other chemical and engineer areas.

田德余教授戎装照

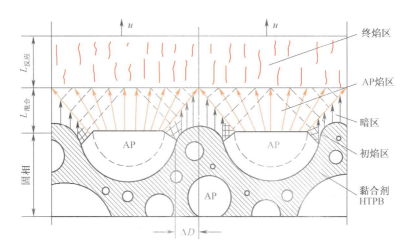

图 2-5 AP/HTPB 推进剂燃烧模型

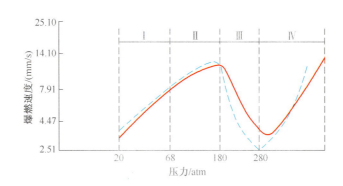

图 3-4 AP 的爆燃速度实验与理论计算结果的比较

注:虚线为 Boggs 实验结果;实线为理论计算结果;1atm = 101. 325kPa。

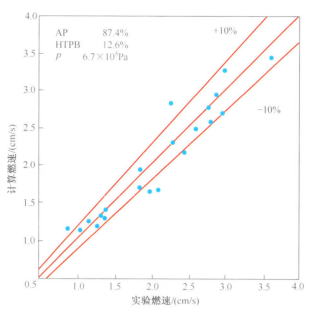

图 3-12　计算燃速与 Miller 实验值比较

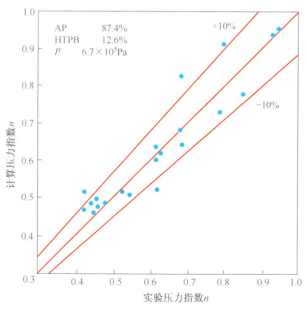

图 3-13　计算压力指数与 Miller 实验比较

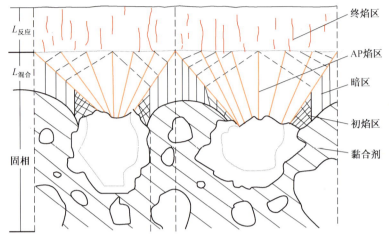

图 5-4　AP 推进剂价电子-分形燃烧模型过程的理解示意图

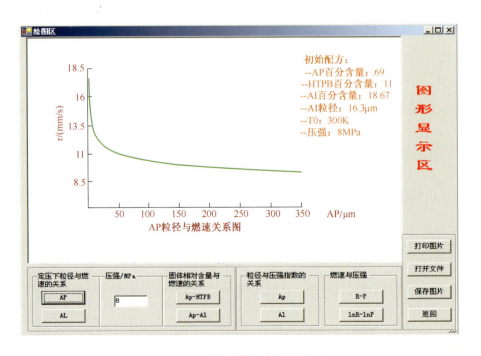

图 5-11　模拟计算程序绘图界面

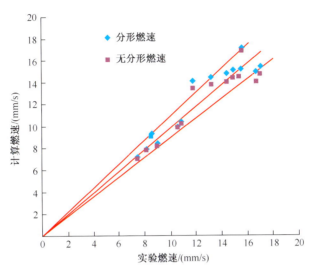

图 5-20　在 6.88MPa 压力下分形与无分形计算燃速与实验值的比较

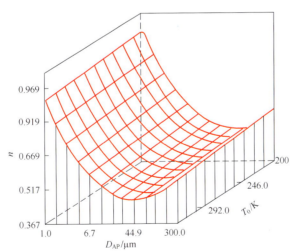

图 7-3　AP 粒径、初温 T_0 与压力指数 n 的关系图

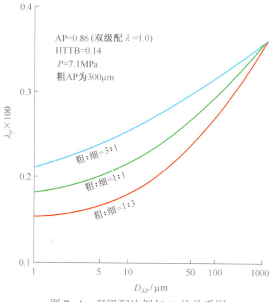

图 7-4　双级配比例与 λ_p 的关系图

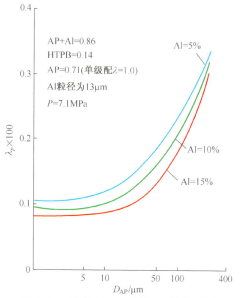

图 7-5　AP 粒径-Al 含量-λ_p 的关系图

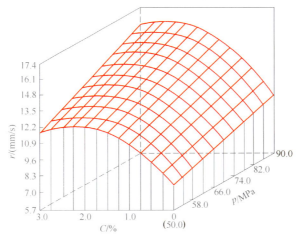

图 7-11　丁羟推进剂配方中催化剂含量、压力指数与推进剂燃速的关系图

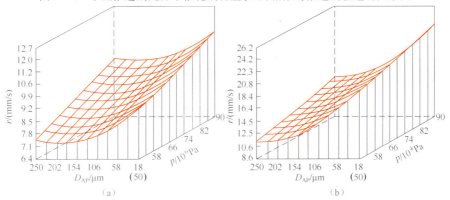

图 7-12　AP 粒径-压力-推进剂燃速的关系图

(a)催化剂含量为 0%；(b)催化剂含量为 1.5%。

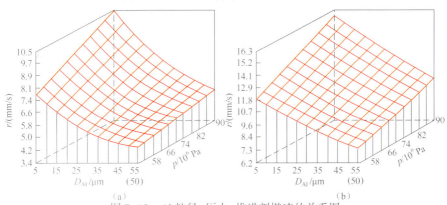

图 7-13　Al 粒径-压力-推进剂燃速的关系图

(a)催化剂含量 0%；(b)催化剂含量 1.5%。

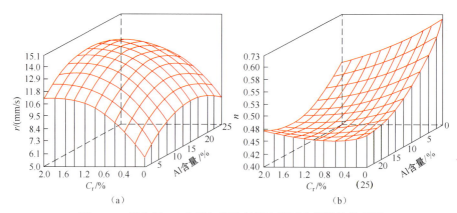

图 7-14　催化剂、Al 含量与推进剂燃速及压力指数的关系图

（a）催化剂、Al 含量与推进剂燃速的关系图；（b）催化剂、Al 含量与压力指数的关系图。

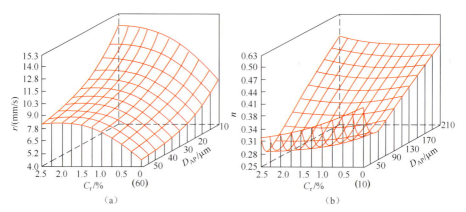

图 7-15　催化剂、AP 粒径与推进剂燃速及压力指数的关系图

（a）催化剂、AP 粒径与推进剂燃速的关系图；（b）催化剂、AP 粒径与压力指数的关系图。